항공 정비를 위한 실험실습

최청호 · 채창호 지음

Practical Lab Test for Avionics Maintenance

청문각

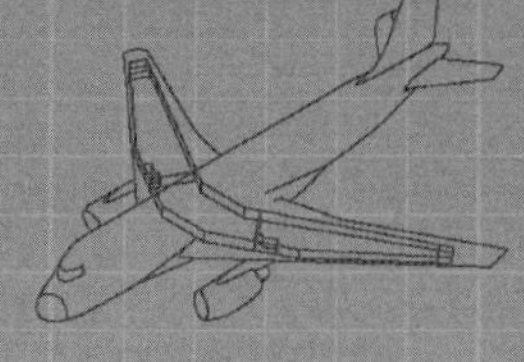

머리말

이 책은 항공 전기전자 정비를 위한 학습을 시작하는 학생들이 실험실습을 통해서 전기전자 기술을 습득할 수 있도록 구성하고 있다. 항공 전자(Avionics)는 "aviation electronics"의 합성어로서, 항공기 개발에 있어 개발 예산의 20% 이상, 심지어 60%까지 투입되고 있다. B787, A380 등 상용항공기의 조종실은 control, monitoring, communication, navigation, weather, anti-collision systems 등에 필요한 항공 전자실이다. 항공 전자는 항공기의 environmental systems, power systems, communications equipment, autopilot, instruments, directional and Doppler navigation aids, inertial navigation, airborne radar, air traffic control 등이 각 계통과 연관되어 있다.

저자가 대학에서 항공 기술을 다루는 학생들을 가르치면서 항공 전자에 대한 지식과 정보를 어떻게 전달하고 안내할 것인가 숙고하게 되었다. 대부분의 항공 전자 서적이 이론서이거나 시스템적 해설서 위주로 되어 있고, 항공 전자 기술의 실험적 서적이 부족함을 느껴 이 책을 집필하게 되었다. 이 책은 1개 학기(3학점, 90시간) 분량의 실험 및 실습이 되도록 구성하였다.

1장은 전기량의 개념과 물리적인 기본 단위, 2장은 항공 전기 반도체 소자에 관한 이해와 설명, 3장은 항공 전기 소자의 부호와 설명, 4장은 항공 전기회로 소자 실험실습, 5장은 항공 전기전자 회로에 관한 내용을 수록하고 있다.

항공 전기전자 수업 시간에 부품과 소자에 관한 자료를 충실하게 준비해 준 중원대학교 항공정비학과의 이기동 학생, 김현우 학생 조교, 황지휘 학생의 수고에 고마움을 전한다. 전기전자 회로도의 그림 작업을 해 준 한국교통대학교 전자공학과 허준희 학생에게 그간의 노고에 감사 드린다.

자료 준비를 위해 주말 시간과 방학 동안 무더위, 한파를 지나면서 작업을 진행했는데, 아직도 부족한 점이 많이 있다고 느껴진다. 이러한 부분은 추가적인 실험실습을 통해서 새로운 내용으로 보완하도록 하겠다. 멀리 캐나다에 있는 가족과 함께 작은 결실의 기쁨을 갖고자 한다.

이 책이 발간될 수 있도록 연구비를 지원해 주신 중원대학교와 출판에 협조해 준 청문각에 감사 드린다.

최청호, 채창호 드림

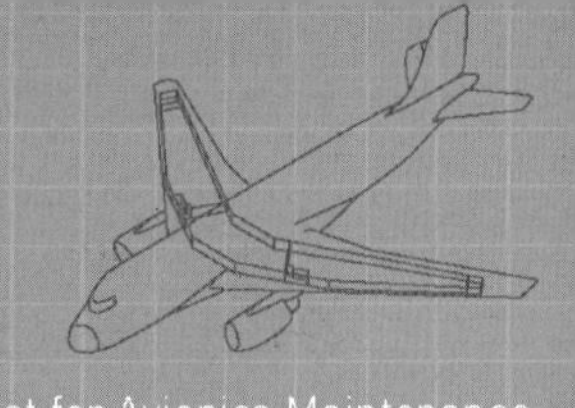

차 례

Chapter 3 | 전기 소자의 계측 장비와 기호

Chapter 4 | 항공 전기전자 장비와 소자 실험실습

Chapter 5 항공 전기전자 회로 실험실습

부록

Chapter

1

전기량과 단위계

1.1. 전기 단위계

전기전자를 공부하는 공학도들은 일반 물리학 수업시간에 정전하에 관한 물리적인 의미와 Maxwell 이론과 공식에 대하여 학습하였을 것이다. 전기전자의 기본 학습과정은 물리학을 기반으로 하고 있기 때문에 학습한 내용을 충분히 복습하는 것은 공학도들에게 매우 중요하다. 항공정비과정의 항공전자 전공을 위한 학습내용은 항공계기전자장비에서 소개하고 있다. 그 자료는 미국 항공우주연방위원회(FAA) 자료를 국토교통부에서 번역하여 항공정비를 희망하는 미래의 항공전문가를 위하여 항공전문가를 위하여 교통안전공단(交通安全公團, Korea Transportation Safety Authority, TS, www.ts2020.kr)의 홈페이지에서 제공하고 있으며, 다운로드 받아 학습하기에 편리하게 되어 있다. 본 내용은 국제기준에 입각하여 항공전자 정비를 희망하는 학생들의 학습에 도움이 되고자 기본사항부터 응용에 이르는 내용을 다루고 있다. 일반적으로 전기전자에 적용하는 단위와 기호에 관한 설명을 보면 다음과 같다.

볼트(voltage)는 전위차(전압) 및 기전력의 MKSA 단위이다. 기호는 V이며 1 A의 불변전류가 흐르는 도체(導體)의 두 점 사이에서 소비되는 전력이 1 W일 때, 그 두 점 사이의 전압 및 이에 상당하는 기전력을 말한다. 1 V=1 W/A이다. 1881년 국제전기표준회의에 의해서 국제볼트로 채택되었으며, 1948년에 절대볼트로 개정되었다. 단위명은 이탈리아의 물리학자 볼타(Alessandro Volta)의 이름에서 따온 것이다. 국제도량형위원회(CIPM)는 1990년부터 이제까지의 1 V에 $7.8\mu V(1\mu V=10^{-6}V)$를 더한 새로운 수치를 쓰기로 결정했다.

마이크로볼트(microvolt)	1 μV	0.001 mV
밀리볼트(millivolt)	1 mV	0.001 V
킬로볼트(kilovolt)	1 kV	1000 V
메가볼트(megavolt)	1 MV	1000 kV

암페어(ampere)는 전류의 계량단위로서 MKSA 단위계의 기본이 되며, 기호는 A이다. 1881년 파리에서 열린 국제전기표준회의에서 채택되었고, 1908년 "질산은 수용액을 통과하여 매초 0.00111800 g의 은을 분리하는 불변전류를 말한다"라고 정의했으나, 1948년 국제도량형총회는 새로이 "진공 중에서 1 m 간격으로 평행하게 놓인, 무한히 작은 원형 단면적을 갖는 무한히 긴 두 직선 도체에 각각 흘러서, 도체의 길이 1 m마다 2×10^{-7} N의 힘을 미치는 일정한 전류로 한다"라고 정의하여 1960년의 총회에서 이것을 국제단위계(SI)의 기본 단위로 결정하였다. 전자를 국제암페어, 후자를 절대암페어라고 하는데, 둘 사이에는 1국제A = 0.99985절대A의 관계가 있다. 이 명칭은 프랑스의 물리학자 앙페르(André-Marie Ampère)의 이름을 딴 것이다.

마이크로암페어(microampere)	1 μA	0.001 mA
밀리암페어(milliampere)	1 mA	0.001 A
킬로암페어(kiloampere)	1 kA	1000 A
메가암페어(megaampere)	1 MA	1000 kA

암페어시(ampere-hour)는 전기량의 단위이며, 기호는 Ah이다. 1 A의 전류가 1시간 동안 흘렀을 때의 전기량이다. 1 A의 전류가 1초 동안 흐르는 전기량이 1 C(쿨롬)이므로, 1 Ah는 3600 C에 해당한다. 이것은 0.03731 F(패럿)에 해당하는 양이다.

와트(watt)는 일률의 MKSA 단위이며, 기호는 W이다. 1 s(초)에 1 J(줄)의 일을 하는 일률을 1 W로 정한다. 1 W = 1 J/s = 107 erg/s로, 영국의 증기기관 발명가 와트(James Watt)의 이름을 딴 단위이다. 주로 전력의 단위로 쓰는데, 이 경우에는 1 V(볼트)의 전압으로 1 A(암페어)의 전류가 흐를 때의 전력의 크기에 해당한다. 한편 공업분야에서 쓰는 실용단위(實用單位) 1 hp는 746 W에 해당하는 양이다.

마이크로와트(microwatt)	1 μW	0.001 mW
밀리와트(milliwatt)	1 mW	0.001 W
킬로와트(kilowatt)	1 kW	1000 W
메가와트(megawatt)	1 MW	1000 kW

와트시(watt-hour)는 일 · 열량 · 에너지 · 전기량의 단위이며, 기호는 Wh이다. 1 W의 공률로 1시간에 하는 일(전기량일 경우에는 1W의 전력을 1시간 동안 계속해서 사용했을 때의 전력량)에 해당한다. 1 W = 1 J/s, 1 h(시간) = 3600 s이므로 1 Wh = 3600 J이다. 보통 kWh(킬로와트시, 1 kWh = 1000 Wh)가 쓰인다.

옴(ohm)은 전기저항의 MKSA 단위이며, 기호는 Ω 이다. 기전력이 존재하지 않는 도체의 2점 사이에 1 V의 전위차(電位差)를 주었을 때, 1 A의 전류가 흐르는 2점 사이의 저항을 말한다. 이 정의는 국제도량형총회의 결의에 의해 1948년 이후 채택된 절대(絕對)옴이며, 온도 0℃에서 질량 14.4521 g, 길이 106.300 cm인 고른 단면의 수은주가 지닌 길이 방향의 저항을 1 Ω 으로 하는 국제옴이 있다. 국제옴은 전기 측정법에 의해 1908년 국제전기표준회의에서 채택된 것이다. 1국제옴 = 1.00049절대옴으로 정의한다. 한국의 경우 1국제옴 = 1.000470절대옴이지만, 실제로 사용하는 데는 거의 문제되지 않는다. 전기저항의 단위는 1838년 독일의 렌츠(Emil Lenz)가 처음으로 만들었으며, 1860년 지멘스(Werner Siemens)가 수은주저항기에 의해 정의하여 현재의 수치와 비슷하게 되었다. 옴이라는 단위명은 1881년 독일의 물리학자 옴(Georg Simon Ohm)에서 연유한다. 1 kΩ = 1000 Ω, 1 MΩ = 1000 kΩ 이다.

패러드 또는 패럿(farad)은 MKSA 단위계의 전기용량 단위이며, 기호는 F이다. 1 F은 1 C(쿨롬)의 전하(電荷)를 주었을 때 전위가 1 V가 되는 전기용량이다. 1881년 국제전기표준회의에서 국제볼트로 처음 정의되었으나 1948년 절대단위에 의한 정의로 변경되어 1국제패럿 = 0.99951절대패럿의 관계가 생겼다. 패럿은 실용상 너무 클 경우가 많으므로, 1 F의 10^{-6}배를 1μF(마이크로

패럿), 10^{-12}배를 1 pF(피코패럿)이라 하여 흔히 사용된다. 명칭은 전자기학에 공헌한 영국의 물리학자 패러데이(Michael Faraday)에서 연유한다. 여기서 C(capacitance)=Q(전하, coulomb)/V(voltage), 1 pF=1×10^{-12}(F), 1μF=1×10^{-6}(F)이다.

헨리(henry)는 인덕턴스의 실용단위이며 기호는 H로, 전자기유도(電磁氣誘導)의 단위이다. 매초 1 A의 비율로 일정하게 변화하는 전류를 흘렸을 때, 1 V의 기전력을 일으키는 자기 인덕턴스(self inductance) 및 상호 인덕턴스(mutual inductance)의 값을 1 H라고 한다. 1 H는 109(CGS/SI) 전자기 단위와 같다. 자기감응현상(自己感應現象)을 발견한 미국의 물리학자 헨리(Joseph Henry)의 이름을 따서 붙인 것이다. 양의 기호는 L(자기 인덕턴스), M(상호 인덕턴스)이다. 1893년의 국제전기학회에서 승인되었다.

헤르츠(hertz)는 진동수, 주파수의 단위이며, 음파나 전자기파(電磁氣波) 등의 주기적 현상에 있어서 같은 위상(位相)이 1초 동안에 몇 회나 돌아오는가를 보이는 수로서, 기호는 Hz이다. 1초간 n회의 진동을 nHz의 진동이라 한다. 즉, 사이클/초(c/s)와 같다. 주로 전기공학이나 통신공학·음향공학 등에서 사용된다. 그 이름은 전자기파의 존재를 실험적으로 증명한 독일의 물리학자 헤르츠(Heinrich Hertz)에서 따온 것이다.

킬로헤르츠(kilohertz)	1 kHz	1000 Hz
메가헤르츠(megahertz)	1 MHz	1000 kHz
기가헤르츠(gigahertz)	1 GHz	1000 MHz

주파수 대역에 따른 전파의 명칭은 다음과 같다.

주파수 대역	전파의 명칭
3 kHz~30 kHz	초장파(very low frequency, VLF)
30 kHz~300 kHz	장파(low frequency, LF)
300 kHz~3 MHz	중파(medium frequency, MF)
3 MHz~30 MHz	단파(high frequency, HF)
30 MHz~300 MHz	초단파(very high frequency, VHF)
300 MHz~3 GHz	극초단파(ultra high frequency, UHF)
3 GHz~30 GHz	초고주파(super high frequency, SHF)
30 GHz~300 GHz	극고주파(extremely high frequency, EHF)

데시벨(decibel)은 어떤 수치값 X에 대해 10 × logx 한 값으로, dB라고 칭한다. 즉 측정값(전압, 전력)을 log 스케일로 본 값, 통신공학 등에서 전력비(電力比)나 전기기기의 이득을 표시하거나 음향학에서 소리의 강도를 표준음(標準音)과 비교하여 표시하는 데 쓰는 수치이다. dB의 어원은 deci+bel의 합성어인데, 앞의 deci는 '10'을 의미하는 영어의 접두사이고, 두 번째 단어인 bel은 미국의 오랜 전통의 통신회사인 Bell Labs를 의미한다. 전력이득 계산 시에는 10 × log100 = 20 dB, 10 × log1000 = 30 dB, 10 × log10000 = 40 dB이다. 전압이득 계산 시에는 20 × log100 = 40 dB, 20 × log1000 = 60 dB, 20 × log10000 = 80 dB이다.

디비엠(dBm)은 전력값 1 mW를 기준으로 dB화한 값이다. 1 mW = 0 dBm = 10 × log(1 mW), 10 mW = 10 dBm, 100 mW = 20 dBm, 1 W = 30 dBm이다. dBc에서 c는 carrier(반송파)의 앞글자이다. dBc라 하면 잡음이나 스퓨리어스(spurious)가 반송파 원신호의 전력레벨과 얼마나 차이나는가를 따질 때 주로 사용한다. 어떤 기준 신호와 그에 비해 낮아야 하는 어떤 신호와의 차이를 말하는 단위이다. dBi에서 i는 isotropic antenna(등방성 안테나)를 의미한다. 안테나에서 주로 쓰이는 단위로, 안테나의 게인 등을 나타낼 때 등방성 안테나의 경우에 대비한 패턴의 상대적인 크기를 의미한다. dBd는 dipole 안테나를 기준으로 안테나의 게인을 계산한 경우에 사용되는 단위이다. dBi는 절대 단위, dBd는 상대 단위로 분류하기도 한다. 수식적으로는 dBd＝dBi－2.15이다.

Dipole 안테나는 등방성 안테나가 아니며, 2.15 dB의 이득을 가지고 있다. 즉 이득이 0 dB인 등방성 안테나에 비해 dBd 단위는 그 기준점이 2.15 dB의 dipole 안테나이므로 dBd는 dBi보다 2.15 dB 낮게 된다. 즉 0 dBd＝ 2.15 dBi이며, 0 dBi＝－2.15 dBd가 된다. 결국 dBi나 dBd나 기준만 다소 다를 뿐 안테나의 이득을 표현하는 일반 단위이다. 통상적으로 dBd는 1 GHz 이하의 안테나에서 많이 사용되는 단위이며, 일반 microwave RF 대역에서는 dBi를 주로 사용한다.

dBf는 1 fW를 기준으로 10 × log를 취한 값으로, 1 fW의 f는 frequency(주파수)가 아니라 femto(10의 –15승)를 말하는 아주 작은 미세전력을 말한다. 0 dBW＝ 30 dBm＝150 dBf이다. 미세한 전력 단위가 요구되는 상업용 수신기에서 종종 사용되는 지표이다. dBfs는 deci-bell full scale의 약칭이다. ADC (analog digital converter)에서 디지털 출력의 모든 비트가 1이 되도록 하는 아날로그 입력레벨을 0 dBfs로 표현한다. 8비트 ADC의 경우 0 × FF, 0 dBfs, 0 × 7F, －3 dBfs, 0 × 3F, －5 dBfs이다. 디지털 통신기기에서 ADC 입력레벨이 너무 작으면 양자화 잡음이 발생하고, 너무 크면 최댓값을 초과하여 MSB (most significant bit)를 상실하게 되면 매우 큰 오차를 발생시키므로, 보통 ADC 입력레벨이 －3 dBfs~－10 dBfs를 벗어나지 않도록 설계한다.

dBv는 전압의 단위 V에 20 × log를 취한 값이다. 1 V＝0 dBV, 10 V＝20 dBV, 100 V＝40 dBV, 1000 V＝1 kV＝60 dBV이다. dBw은 전력의 단위 W를 10 × log를 취한 값이다. 1 W＝0 dBW, 10 W＝10 dBW, 100 W＝20 dBW, 1000 W＝1 kW＝30 dBW이며, 결국 0 dBW＝30 dBm이 된다.

1.2. 전기량의 관계

전류(電流, current)는 전하의 흐름으로, 단위 시간 동안에 흐른 전하의 양으로 정의된다. 여기서 모든 전기 현상을 나타내는 원인이 되는 것을 전하(electrical charge)라고 한다. 전하는 스스로 이동하지 못하지만 전자가 이동하면 전자가 가지고 있는 전하가 이동된다. 전하의 흐름은 전선과 같은 도체, 전해질의 특성을 갖는 이온, 플라스마 등에서 일어난다. 전류의 SI 단위는 암페어로, 1암페어는 1초당 1쿨롬의 전하가 흐르는 것을 뜻한다. 암페어는 기호 A로 표기한다. 전류는 일정 시간 동안 흐른 전하량의 비율로 정의된다.

$$I = \frac{dQ}{dt} \quad \text{(I: 전류, Q: 전하, t: 시간)} \tag{1.1}$$

$$A = \frac{C}{sec} \quad \text{(A: 암페어[amp], C: 쿨롬[coul], sec: 초)} \tag{1.2}$$

전류의 종류는 전하의 이동통로에 따라 두 가지로 구분된다.

① **전도전류**(charteristic current, conduction current): 전하의 이동통로는 도선(전도체)이다. 따라서 도선의 전류는 기저항에 따라 변화한다. 즉 도체에서 일어나는 전하의 흐름이 전류이다. 전도전류는 금속과 같은 도체에서 원자는 물체의 결합구조를 유지한 채 전자의 이동만으로 이루어지며 옴의 법칙을 따른다.

② **변위전류**(displacenent current, convection current): 도선이 없어도 전하의 흐름은 가능하다. 즉 전기적 에너지를 전달할 수 있다. 진공관과 같은 것에서 일어나는 전하를 갖는 대전 입자의 흐름인 대류전류가 있다. 대류전류는 전하 입자 자체가 이동하여 일어나는 전류이다. 대류전류는 전도전류와 달리 옴의 법칙을 따르지 않는다.

전류의 방향에 대해 수직인 단면에서 단위면적당 전류의 양을 전류밀도라고 한다. SI 단위는 제곱미터당 암페어(A/m^2)이다. 정의에 따라서 전류와 전류밀도 사이에는 다음과 같은 관계가 성립한다.

$$I = J \cdot A \tag{1.3}$$

여기서 I는 전류, J는 전류밀도, A는 전류가 흐르는 단면적이다. 전류밀도는 전류의 종류에 따라 전도전류밀도와 대류전류밀도로 구분된다.

도체에서 일어나는 전류의 흐름인 전도전류는 한 방향으로 연속하여 전류가 흐르는 직류와 일정한 주기에 따라 전류의 방향이 바뀌는 교류로 구분된다. 직류와 교류의 전류 흐름이 다른 것은 전류를 만드는 방식의 차이 때문이다. 전지와 같이 일정한 전위차가 유지되는 전원에 연결된 전기회로는 양극에서 음극으로 지속적인 전류가 흐르게 된다. 한편, 교류는 발전기와 같은 것을 전원으로 한 전류이다. 현재 대부분의 가정에는 교류전원이 공급되나 가전제품에는 주로 직류가 사용되기 때문에, 대부분의 전기제품은 교류를 직류로 바꾸는 정류기를 사용하거나 둘 다 같이 사용할 수 있도록 되어 있는 경우가 많다.

암페어의 법칙(Ampere's law)은 맥스웰(Maxwell) 방정식에서 자기장의 세기 H와 전류밀도 J의 관계에 대해 다음과 같이 정의된다.

$$\nabla \times H = J \tag{1.4}$$

$$\oint H \cdot dl = \int J \cdot ds \tag{1.5}$$

여기서 자기장 H가 회로의 선적분은 이 회로를 변계로 하는 임의의 곡면 내 전류세기와 같다는 것이 바로 유명한 암페어의 법칙이다. 암페어의 법칙과 자속 연속성 정리는 모든 자력 문제를 해결할 수 있는 두 개의 기본 관계식이다.

인류는 천연 자석이 철을 흡인한다는 점을 발견하고 이를 지남침으로 하여 항해에 사용하였으나, 1820년에 와서야 덴마크의 물리학자 에르스텟(Hans Christian Oersted)이 전기와 자기 사이의 관계를 발견하는 등 2000여 년의 기나긴 역사가 흘렀다. 1825년을 전후하여 앙페르와 옴은 각각 그들만의 시대적 규칙을 발표하였다. 같은 해 영국의 물리학자 스터전(William Sturgeon)은 인류 역사상 첫 번째 자석을 만들어 냈다.

1830년 패러데이와 헨리는 각각 전자기 감응 현상을 발견하였고, 1832년에 스터전은 전동식 전자기 엔진을 발명하였다. 1856년 독일의 지멘스는 획기적인 전동기를 발명하였고, 1873년 런던 황가학원의 맥스웰(James Clerk Maxwell)은 체계화되고 명확한 수학 형식으로 전기와 자기에 관한 전부의 규칙인 맥스웰 방정식을 유도해 냄으로써 전자기학 이론은 성숙단계로 접어들었다. 맥스웰 방정식은 1820년부터 1860년 사이의 인류가 기념해야 할 수많은 걸출한 과학자들의 땀방울이 응결되어 있다. 그들은 쿨롱, 앙페르, 패러데이, 가우스, 웨브, 헬름홀츠, 헨리, 줄, 렌츠, 푸아송, 맥스웰, 로런츠, 비오 등이다.

암페어의 법칙을 좀더 설명하면, 적분형은 임의의 폐곡선에 대한 자계의 선적분은 이 폐곡선 내부를 통과하는 전류와 같다고 표현하고, 미분형은 전류가 흐르면 자계가 회전하는 형태로 존재함($\nabla \times \mathrm{H}$)을 나타낸다.

정적자계 문제의 단순화로 대칭성이 있는 경우, 비오-사바르 법칙(Biot-Savart's law)보다 정적자계 문제를 보다 쉽게 다룰 수 있다. 이는 자기장에 대한 전기장의 가우스의 법칙과 유사하다. 가우스 법칙은 폐곡면으로 둘러싸인 공간 안에서 총 전하량을 구할 수 있으며, 암페어의 법칙은 폐곡면으로 둘러싸인 공간 안에서 총 전류를 구할 수 있다.

문제를 단순화시켜 풀면 자계 H를 폐곡선에 수직이나 접선 성분이 되도록 한다. 스칼라 곱셈을 단순화시킨다. 폐곡선상에서 H가 일정하도록 택한다. 자계 세기를 적분식으로 밖으로 빼낼 수 있어 적분이 단순해 진다. 전류 도선에 의한 자기장의 예는 다음과 같이 설명된다.

$$\oint \mathrm{H}dl = \mathrm{I},\ 2\pi r \mathrm{H} = \mathrm{I},\ \mathrm{H} = \frac{\mathrm{I}}{2\pi r},\ \text{중심부}\ \mathrm{H} = n\mathrm{I}$$

(n =단위 길이당 코일의 감은 수)

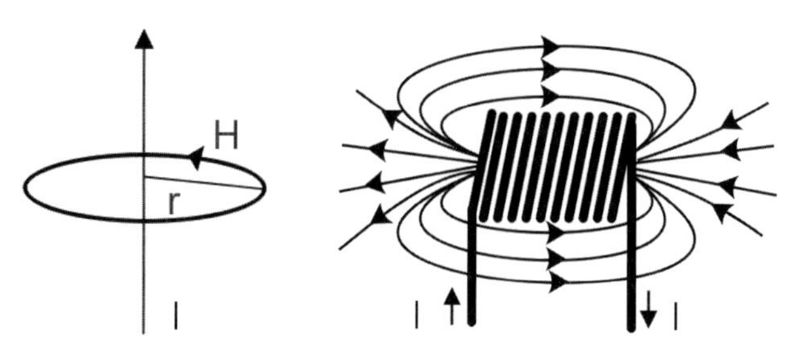

그림 1-1. 공기 솔레노이드 전류와 암페어의 오른손 법칙

$$\oint \mathrm{H}dl = \oint \mathrm{J}ds = \mathrm{I} \tag{1.6}$$

$$\oint \mathrm{B}ds = \mu_o \mathrm{I} \tag{1.7}$$

수정된 암페어의 법칙(암페어-맥스웰 방정식)은 축전지에 암페어의 법칙을 적용할 때 모순을 발견한 맥스웰이 이 법칙이 불완전하다고 결론을 지으면서 시작되었다. 이 문제를 해결하기 위하여 그는 변위전류를 고안하였으며, 이를 통해 맥스웰 방정식에 편입된 일반화된 암페어의 회로법칙을 만든다. 맥스웰에 의해 수정된 암페어의 법칙의 미분형은 다음과 같다. 암페어의 법칙은 전류밀도 J와 그것이 만들어 내는 자기장 H에 관계된다.

$$\oint_c \mathrm{H} \cdot dl = \int_s \mathrm{J} \cdot d\mathrm{S} = \int_s \mathrm{B} \cdot d\mathrm{S} = \mu_0 i \tag{1.8}$$

여기서 H는 자기장 밀도(A/m), dl은 곡면 c의 미소미분요소, J는 곡면 C의 표면 S를 통과하는 전류밀도(A/m^2), μ_0는 자유 공간에서 투자율이고, $\mu_0 = 4\pi \times 10^{-7}$(H/m)이다. $\oint_c$는 폐곡선 C의 적분이다. 마찬가지로 미분형의 표현은 다음과 같다.

$$\nabla \times H = J \tag{1.9}$$

여기서 H는 자기장, B는 자속밀도(테슬라)이며, 진공의 경우 다음 관계가 성립된다.

$$B = \mu_0 H \tag{1.10}$$

그림 1-2와 같이 지면으로부터 수직 방향으로 흐르는 전류 I로부터 거리 r인 곳의 자기장 B는 암페어의 법칙으로 유도된다.

$$\oint B\,dl = \mu_0 I,\ \ B(2\pi r) = \mu_0 I,\ \ B = \frac{\mu_0 I}{2\pi r}$$

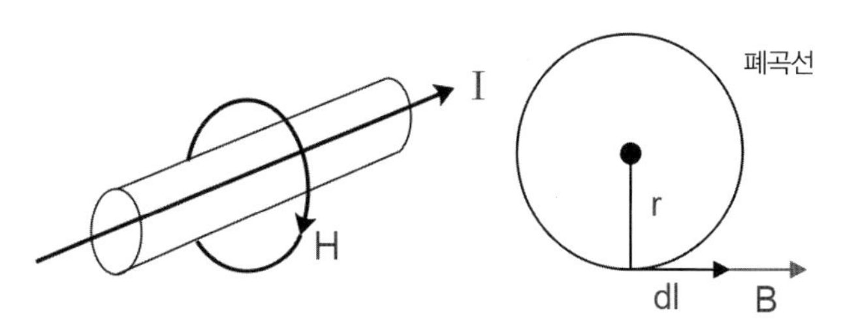

그림 1-2. 전류(I)와 자속(B) 방향

수정된 암페어의 회로법칙은 암페어-맥스웰 방정식으로 유도된다. 변위전류의 개념을 적용하면 다음과 같다.

$$\oint_c H \cdot dl = \int_s J \cdot dA + \frac{d}{dt}\int_s D \cdot dA \tag{1.11}$$

여기서 변위 전류밀도 D는 진공상태에서 C/m^2 단위이며, 전기장 E와 다음과 같이 정의된다.

$$D = \epsilon_0 E \ \ (\epsilon_0\text{: 유전율, E: 전기장}) \tag{1.12}$$

유전율(誘電率, permittivity) 또는 전매상수는 전하 사이에 전기장이 작용할 때, 그 전하 사이의 매질이 전기장에 미치는 영향을 나타내는 물리적 단위이다. 매질이 저장할 수 있는 전하량으로 볼 수도 있다. 같은 양의 물질이라도 유전율이 더 높으면 더 많은 전하를 저장할 수 있기 때문에, 유전율이 높을수록 전기장의 세기가 감소된다. 그래서 높은 유전율을 가진 물질을 축전기에 넣는 유전체로 사용하면, 축전기의 전기용량이 커진다.

전자기학에서는 물질에 가해진 전기장 E가 얼마나 물질의 구성에 영향을 미치는지 나타내는 정도를 전기변위장(electric displacement field) D로 정의한다. 유전율 ϵ_0는 매질이 등방성(isotropy)을 가질 때에는 스칼라이지만, 그렇지 않은 경우에는 3×3 행렬로 표현된다. 유전율은 실수일 수도, 복소수일 수도 있다. 일반적으로 유전율은 상수값이 아닌데, 이것은 유전율이 매질의 부분, 그 매질에 가해진 전자기장의 주파수, 습도, 온도 등과 같은 여러 요인에 의해 영향을 받기 때문이다.

SI 단위계에서 유전율의 단위는 패럿/미터이다(F/m). 전기변위장 D의 단위는 쿨롬/제곱미터(C/m^2)이고, 전기장 E의 단위는 볼트/미터(V/m)이다.

전기변위장과 전기장은 전하에 의해 발생하는 같은 현상을 나타낸다. 전기변위장은 전하의 전기선속을 나타내는 데 유용하고, 전기장은 전기선속 내의 단위 전하에 작용하는 힘을 측정하는 데 이용한다. 진공의 유전율 ϵ_0는 진공에서 이 둘 사이의 관계를 나타내는 변환값(scale factor)이다. SI 단위계로 $\epsilon_0 = 8.8541878176 \cdots \times 10^{-12} \mathrm{F/m}$이다.

물질의 유전율은 보통 상대 유전율, 즉 진공의 유전율에 대한 상대적인 값 ϵ_r로 나타낸다. 이 값을 흔히 유전상수(誘電常數, dielectric constant)라고도 한다. 실제 유전율은 상대 유전율에다 진공의 유전율 ϵ_0를 곱해서 구할 수 있다.

$$\epsilon = \epsilon_r \epsilon_0 \tag{1.13}$$

진공의 유전율 ϵ_0는 다음과 같이 정의된다.

$$\epsilon_0 = \frac{1}{c^2 \mu_0} \tag{1.14}$$

여기서 c는 빛의 속도이고, μ_0는 진공의 투자율(permeability)이다. 이 세 값은 모두 SI 단위계에 정확히 정의되어 있다.

쿨롱의 법칙에서 나오는 쿨롱 힘 상수의 정의식에는 이 진공의 유전율이 포함되어 있다. 쿨롱 힘 상수는 진공에서 단위 전하 두 개가 단위 거리만큼 떨어져 있을 때 서로 작용하는 힘의 크기이다.

$$k = \frac{1}{4\pi\epsilon_0} = 8.99 \times 10^9 \ N \cdot m^2/C^2 \tag{1.15}$$

암페어-맥스웰 방정식의 미분형은 다음과 같이 표현된다.

$$\nabla \times H = J + \frac{\partial D}{\partial t} \tag{1.16}$$

두 번째 항은 변위전류 개념에서 나온 것을 알 수 있다. 변위전류 개념을 통해 맥스웰은 빛이 전자기파의 일종임을 분명하게 가정할 수 있게 된다.

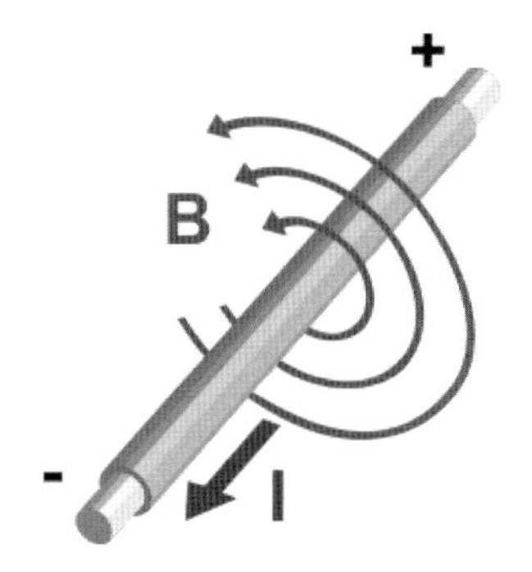

그림 1-3. 자속(B)과 전류(I) 방향

전류와 자기장에 대하여 전류가 흐르는 도선에는 그림 1-3과 같이 자기장이 형성되는데, 이를 암페어의 회로법칙이라고 한다. 암페어의 회로법칙은 전자기역학의 성립에 큰 영향을 미쳤다.

직류 전기회로에서 전류의 양은 전원의 전압과 회로의 전기저항에 의해 결정되어 전압의 크기에 비례하고, 전기저항의 크기에 반비례한다. 이를 옴의 법칙(Ohm's law)이라 한다.

$$I = \frac{E}{R} \quad \text{[I: 전류, E: 기전력(전압), R: 전기저항]} \qquad (1.17)$$

한편 교류에서는 전기저항 대신 다음의 식과 같이 임피던스가 전류의 양에 관계한다. 따라서, 비록 저항이 직접 관여하지는 않지만 교류에서도 여전히 옴의 법칙이 성립한다고 할 수 있다.

$$I = \frac{E}{Z} \quad \text{[I: 전류, E: 기전력(전압), Z: 임피던스]} \qquad (1.18)$$

전기회로에서 실제 전자의 흐름은 음극(−)에서 양극(+)으로 진행된다. 그러나 최초로 정의된 전류의 흐름은 실제 전자의 운동과 달리 양극(+)에서 음극(−)으로 흘러 들어가는 양전하의 흐름으로 알려졌다. 이처럼 실제 전류가 흐르는 방향이 정반대로 정의된 것은 전류의 흐름을 발견할 당시의 과학

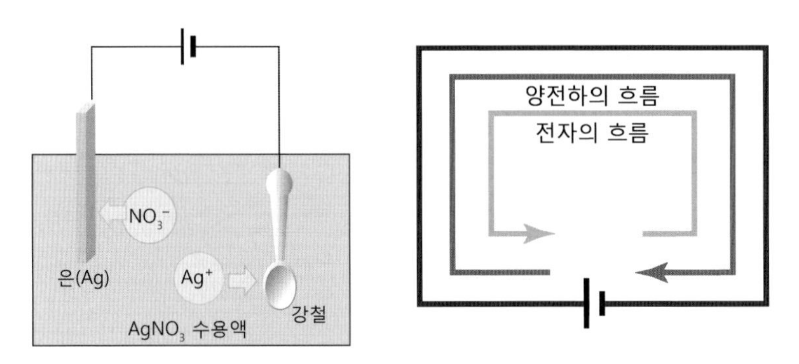

그림 1-4. 전류 흐름의 실험결과

자들이 전자의 존재를 인지하지 못했기 때문이다. 반면에 정공, 양이온과 같은 양전하의 이동으로 인해 발생된 전류의 방향은 양전자의 이동 방향과 같은데, 양전하가 이동할 때나 음전하가 이동할 때 만들어진 전류에 현상적인 차이는 없으므로 예로부터 전류의 방향을 양전하의 흐름으로 통일하였다.

1830년대 패러데이는 그림 1-4와 같이 전해전도에 대한 실험을 하였다. 실험결과는 다음과 같이 요약된다.

(1) 질산염($AgNO_3$) 수용액에 은 막대와 강철 스푼을 넣고 전지와 연결한다.

(2) 질산염 수용액에 있는 이온들에 의해 전해전도가 일어난다.

(3) 전류의 크기와 비례하여 강철 스푼에 은이 축적되어 도금된다.

실제 전자의 흐름(반시계 방향)과 반대로 전류의 흐름(시계 방향)은 양극에서 음극으로 흐르는 것으로 정의된다.

물의 흐름과 전류의 흐름을 비교하면, 전류는 눈으로 볼 수 없으나 수도관 속을 흐르는 물과 비유하여 생각할 수 있다. 그림 1-5는 물의 흐름과 전류를 비교하여 나타낸 것이다. 이때 수도관은 도선이라고 할 수 있고, 물 펌프는 전지라고 생각할 수 있다.

① 그림 1-5(a)에서와 같이 펌프가 없다면 잠시 후 물의 흐름이 멈추듯이, 전지가 없을 때에는 전자의 흐름이 곧 멈추어 전류도 계속 흐를 수 없다.

② 그림 1-5(b)에서와 같이 펌프가 있으면 펌프에 의해서 물의 흐름이 계속되듯이 전지에 의해서 전자가 계속 흘러 전류가 계속 흐를 수 있다.

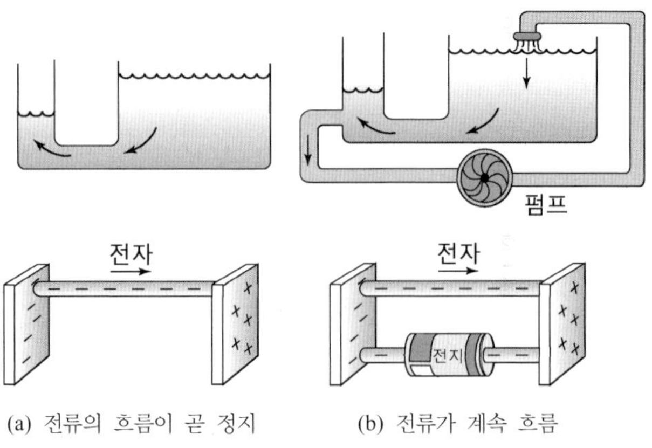

그림 1-5. 물의 흐름과 전류의 유사성

전하의 이동과 전류는 그림 1-6과 같이 전지와 전구를 전기가 잘 통하는 도선으로 연결하면 전구에 불이 켜진다. 이들을 연결하는 도선이 끊어졌거나 연결 부분의 접촉이 나쁘면 전구에 불이 켜지지 않는다. 또 스위치를 닫았다 열었다 하면 전류가 흘렀다 안 흘렀다 한다. 이러한 사실로부터 전구에 불이 켜져 있는 동안에는 도선을 따라 전하가 이동하며, 이것이 전류임을 알 수 있다.

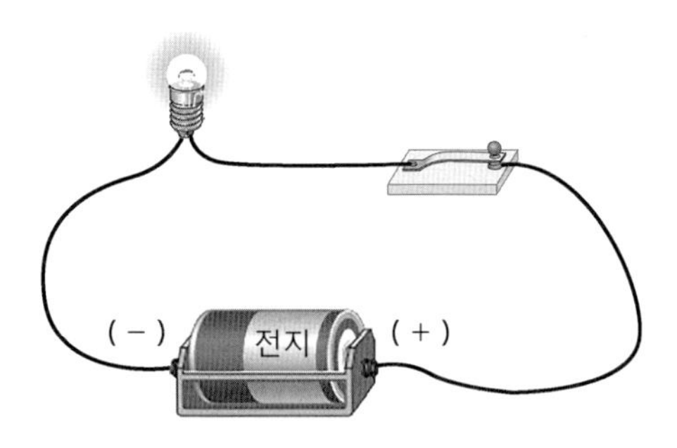

그림 1-6. 전지와 전구의 연결

전자의 이동과 전류의 방향은 물이 흐르는 방향과 전자의 이동 방향을 비교하면, 물이 펌프에 의해서 낮은 곳으로부터 높은 곳으로 수도관 속을 계속 흐르듯이, 전지에 의해서 전자가 도선 속을 계속 흐르게 된다. 전자가 계속 흐른다는 것은 도선 속을 전류가 계속 흐르고 있음을 뜻한다.

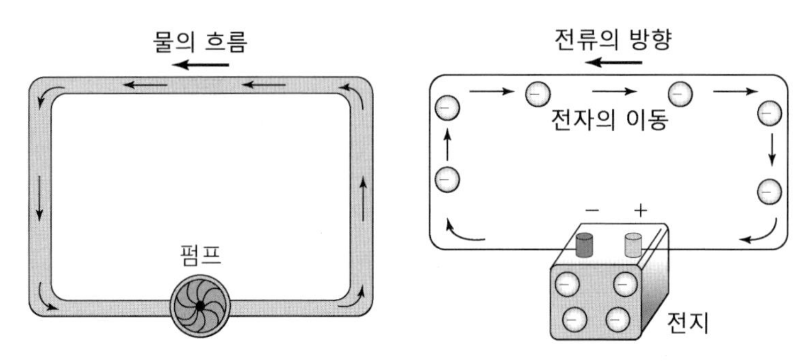

그림 1-7. 물의 흐름과 도선 내부의 전자 이동 및 전류 방향

도선 속의 전자의 운동과 전류에 대하여 그림 1-8(a)와 같이 스위치가 열려 있어서 전기회로가 끊어져 있을 때에는 전자들이 여러 방향으로 자유롭게 운동하므로 도선 전체로 볼 때 전자의 이동이 없어 전류가 흐르지 않는다. 그림 1-8(b)와 같이 스위치를 닫아 전류가 흐를 때는 (−)전하를 띤 전자들은 전기력을 받아 전지의 (−)극 쪽에서 (+)극 쪽으로 이동한다. 즉, 전자가 일

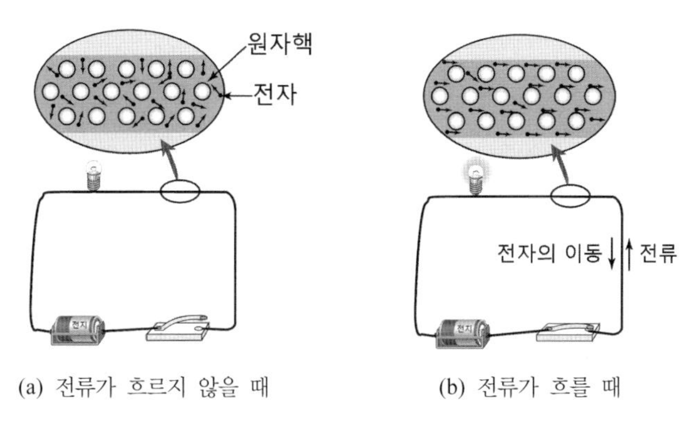

(a) 전류가 흐르지 않을 때 (b) 전류가 흐를 때

그림 1-8. 전류의 흐름과 전자의 이동

정한 방향으로 이동하므로 전류가 흐르게 된다.

물이 흐를 때 세게 흐르기도 하고 약하게 흐르기도 하듯, 전류도 세게 흐를 때와 약하게 흐를 때가 있다. 수도관을 따라 흐르는 물의 양은 1초 동안 얼마만큼의 물이 수도관의 단면을 지나가는지를 나타낸다. 이와 마찬가지로 전류의 경우도 1초 동안 얼마만큼의 전하가 도선을 따라 이동하느냐에 따라 전류의 세기를 정한다.

도선의 단면을 따라 1초 동안 이동하는 전하의 양을 전류의 세기 또는 전류라고 한다. 전류의 단위는 A(암페어)를 사용한다. 1 A는 1초에 6.25×10^{18}개의 전자가 가지는 전하량(coulomb)이 이동할 때의 전류의 세기이며, 1 A는 1000 mA(밀리암페어)이다.

변위 전류에 대하여 살펴보면, 공중선 전류(antenna current)를 인가하는 TV 송신소에서 전파를 발사한다. 그것이 우리집의 안테나까지 전달되어서 TV 화면을 재생할 수 있다. 그렇다면 공기가 전파에너지를 전달하는 통로 역할을 한 것이다. 이와 같이 전기에너지가 존재할 때에만 전기를 통하게 하는 물체를 유전체(dielectric)라고 한다. 여기서 di는 2개란 뜻의 접두어이다. 평상시에는 전기저항이 많은 절연체(insulator), 부도체(nonconductor)이고, 전기적 에너지를 받는 순간만 전기가 통하고 도체(conductor)가 되는 2가지 성질을 갖기 때문에 이렇게 붙인다. 이와 같이 유전체에 흐르는 전류를 변위전류라고 한다.

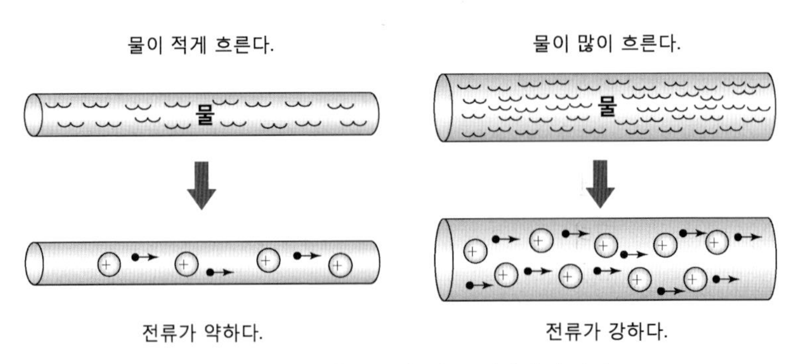

그림 1-9. 물의 흐름과 전류 세기의 유사성

$$I_d = \frac{dD}{dt} \quad (D:\ 전속밀도[C/m^2] = 전기변위[\epsilon E]) \tag{1.19}$$

여기서 전속밀도(electric flux density) D[C/m^2], 전계강도(electric field strength) E [V/m], ϵ은 유전율이며, 이는 전하 분포가 변하지 않는 정전계(electrostatic field)를 대상으로 한다. 모든 전류(total current)는 전도전류와 변위전류의 합성이다.

$$I_t = I_c + I_d \tag{1.20}$$

전류밀도는 단위 면적당 흐르는 전류의 양[A/m^2]이다.

$$i = I_t / s[A/m^2] \tag{1.21}$$

$$I_t = i \cdot s \quad = i \cdot n \cdot \int ds = \int i \cdot n \cdot ds$$

$$[n:\ \text{normal unit vector(단위 법선 vector)}] \tag{1.22}$$

전기저항(electric resistance)은 전자 흐름의 방향이 시간에 대하여 일정한 직류전류에 대하여 도선의 전자 진행을 방해하는 것 또는 전자의 진행에 대한 마찰을 주는 것을 말한다. 이 전기저항은 전자의 흐름량(전류량)에 대하여 상대적이다. 시냇물 속에 돌을 넣어보자. 돌(저항)과 물의 흐름(전류)과의 관계가 옴의 법칙이다.

$$I = \frac{V}{R}[A] \tag{1.23}$$

시냇물의 흐르는 양이 많으면 이 돌은 같이 휩쓸려서 떠내려간다. 가뭄이 들어 물이 적게 흐르면 물의 흐름이 바뀌게 되어 돌아가거나 그 부근에서 물의 흐름이 멈추게 된다. 또, 돌이 너무 크면(예: 댐, 수중보) 다음에는 아예 물의 흐름이 없다. 이와 같이 전기저항(돌)은 서로 상대적인 것이다. 전기저항의 대소에 따라 도체의 구분이 된다. 저항이 아주 작으면 전류의 흐름에 아무런 영향을 줄 수가 없다. 이것이 양도체(conductor)이고, 저항이 아주 크면 전류의 흐름이 없는데, 이때는 부도체(nonconductor)이다. 양도체와 부도체의 사이가 반도체(semiconductor)이다.

- 고유저항의 기준 1 [cm]당 $10^{-2}[\mu\Omega]$ 이하인 것: 양도체
- 고유저항의 기준 1 [cm]당 10^{-2}~$10^{2}[\mu\Omega]$ 사이인 것: 반도체
- 고유저항의 기준 1 [cm]당 $10^{2}[\mu\Omega]$ 이상인 것: 부도체

전기저항값은 각 물체의 고유저항과 도선의 길이에 비례하고 도선의 단면적에 반비례한다.

$$\mathrm{R} = \rho\frac{l}{\mathrm{s}} \quad (\rho\text{: 고유저항 }[\Omega\,\mathrm{m}]) \tag{1.24}$$

고유저항의 역수는 도전율 σ라고 한다.

$$\sigma = \frac{1}{\rho}[\mho/\mathrm{m}] \tag{1.25}$$

도전율은 전기가 얼마나 잘 통하는가의 비율이다. 비슷한 용어 중 전도율(conductivity)도 있는데, 전자 진행의 능동과 수동의 차이라고 보면 되겠다. 저항의 단위는 Ω이다. Ω의 단위를 쓰는 것에 임피던스라는 것도 있다. 그 어원은 "방해하다, 저지하다"의 뜻이고, 저항과 같은 의미를 갖는다.

임피던스(impedance)는 교류의 저항에 대하여 물리계의 의미로는 주파수에 따른 두 물리량의 비(比)로서, 파동(교류)이 매질(회로)을 흐를 때 진동수에 따라 변화하는 저항적 성질이다. 전기계의 의미는 전도성 매질에서 전기적 저항(抵抗) 속성의 주파수에 따른 복합효과로서 교류전류의 방해라는 뜻으로 교류저항이라고도 한다. 이는 19세기 영국의 물리학자 헤비사이드(Oliver Heaviside)에 의해 처음으로 사용된 것이다.

임피던스 양의 의미는 주파수에 따라 변할 수 있는 옴(Ω)의 차원을 갖는 복소수량, 즉 복소 주파수 영역에서 정의된 양이며, 시간 영역의 개념은 포함되어 있지 않다. 따라서 두 복소수량의 비이며, 시간 영역에서 물리적 의미는 없다. 예를 들어, 임피던스는 전압위상(페이저)과 전류위상(페이저)의 비로서 그 각각은 시간 영역에서 정현파 신호로서의 물리적인 의미를 가지지만, 그 비인 임피던스는 시간 영역에서는 저항 이상의 물리적 의미는 없다고 하겠다. 임피던스에 영향을 주는 요소는 동작 주파수에 가장 크게 영향을 받지만, 매질 물성, 온도, 매질 크기 등에도 영향을 받는다. 전기계 임피던스 표현 방식은 벡터 평면상의 복소수로 표현이 가능하다. 여기서 실수부 R은 '저항' 성분, 허수부 X는 '리액턴스' 성분이라고 할 때 다음과 같다.

$$Z = R + jX$$
$$= |Z| \angle \theta$$
$$R = |Z| \cos\theta$$
$$X = |Z| \sin\theta$$
$$|Z| = \sqrt{R^2 + X^2}$$
$$\theta = \tan^{-1}\left(\frac{X}{R}\right)$$

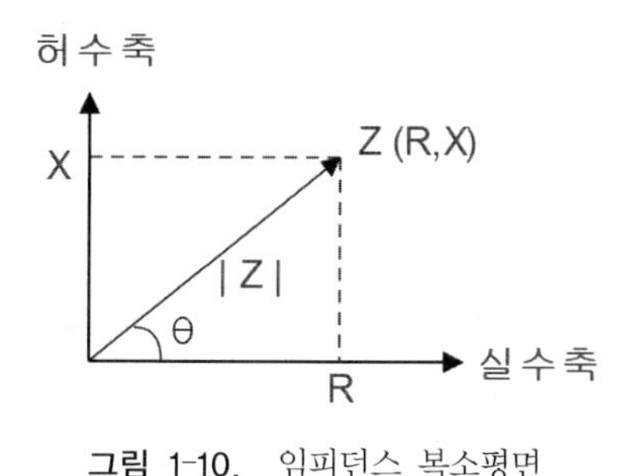

그림 1-10. 임피던스 복소평면

두 전기적 복소수량의 비로 표현 가능하다.

$$Z = \frac{V}{I}[\Omega] \text{ (교류회로에 가해지는 위상 전압과 위상 전류의 비)} \quad (1.26)$$

페이저(phasor)는 정현파적 반복 주기성을 갖는 시간 신호를 단순하게 나타낸 복소수이다. '위상을 이용한 표현식(the expression using the phase)' 또는 '위상식'이라고도 한다. 실수 신호 x(t)를 복소수 신호인 복소 페이저 X로 표현하는 방식으로, 직교형식(직교좌표계), 극형식(극좌표계), 복소지수형식(오일러 공식) 등이 가능하다. 결과적으로 페이저는 시간 주파수 관련 항은 빠지고, 진폭과 위상만으로 표현된다.

$$Z = |Z| \angle \theta_Z = \frac{V}{I} = \angle \theta_v - \theta_i \quad (1.27)$$

$$Z = \frac{V}{I} = R + jX \quad (1.28)$$

지수형식 페이저의 변환은 정현파 실수 신호에서 페이저양으로 변환되고, 정현파에서 시간 성분을 분리한 후 복소지수 함수로 나타낸다. 즉, 공통항인 Re[·] 및 $e^{j\omega t}$를 제외하고 크기와 위상 성분만으로 표현된다.

$$A\ \cos(\omega t + \theta)\text{(직교 형식)} \rightarrow Re[Ae^{j\theta} e^{j\omega t}]\text{ (실수 부분)} \rightarrow Ae^{j\theta}\text{(지수 형식)} \quad (1.29)$$

페이저양에서 다시 시간에 따른 정현파적 변화량으로의 변환 표현방법은 페이저양에 $e^{j\omega t}$를 곱하고 실수항을 취하여 Re[(·)$e^{j\omega t}$]로 다음과 같이 얻어진다. 이 결과 Euler 공식이 표현된다.

$$Ae^{j\theta}\text{ (지수형식)} \rightarrow Ae^{j\theta} e^{j\omega t} \rightarrow Re[Ae^{j\theta} e^{j\omega t}]\text{ (실수 부분)} \quad (1.30)$$

$$\rightarrow Re[Ae^{j(\omega t + \theta)}] \quad (1.31)$$

$$\rightarrow Re[A\cos(\omega t + \theta) + jA\sin(\omega t + \theta)]\text{ (직교형식)} \qquad \text{Euler 공식} \quad (1.32)$$

여기서, 각 주파수 항(項)은 페이저 표현에서 편리성을 위하여 각 주파수

ω항이 생략됨에 주의하여야 하고, 항상 동일한 각주파수를 갖는다는 전제하에서 페이저 연산이 의미를 갖는다. 따라서 각주파수가 다른 경우에 페이저 신호들의 합, 곱 등 수식 전개는 무의미하다. 또한 정현파가 아닌 경우, 페이저는 정현파를 대신하여 표현하는 복소수 표현이므로, 정현파 신호가 아닌 경우에는 페이저 표현으로 대신할 수 없게 된다.

페이저는 1893년 독일의 수학자이며 전기공학자였던 스타인메츠(Charles Proteus Steinmetz)가 제안한 것으로, 관심 있는 교류회로 영역 내의 모든 전압이나 전류가 모두 같은 주파수의 정현파가 되는 교류 정상상태(AC steady state)하의 회로 해석에 특히 유용하다. 전자기학에서 맥스웰(Maxwell) 방정식의 시변 상황을 '시정현파계'로 변환하여 해석하면 편리하다.

저항(resistance) [Ω]에 대하여 주파수와 관련하여 관찰해 보면 전기를 흐르지 않게 하려는 성질, 전류 흐름을 방해하는 정도의 물리적인 의미를 준다. 이러한 저항의 다양한 의미와 역할에 대하여 살펴본다.

- 전류 흐름의 정확한 제어를 위한 수동소자
- 전기가 잘 흐르지 않는 비전도성 물질
- 에너지 변환(에너지 소모 발열)
- 일정 전류를 의도적으로 출력 쪽으로 흐르게 하는 것
- 주파수 의존적 저항
- 교류회로에서 교류 흐름을 방해하는 저항
- 자기회로에서 자속 흐름을 방해하는 저항
- 절연체 및 접지 관련 저항
- 판형 면적의 층 저항
- 저항기(resistor)
- 불완전 도체
- 줄열(전기히터 등)
- 부하(load)

- 임피던스(impedance)
- 리액턴스(reactance)
- 릴럭턴스(reluctance)
- 절연저항, 접지저항
- 표면저항

회로 저항의 저항 표기, 단위, 관계식에 대하여 저항의 기호 표기는 R, 저항 단위 표기는 옴(Ω)이다. 1Ω은 1V(볼트)의 전압으로, 1 A의 전류가 흐를 때 저항, 전류, 전압 간의 관계식으로 옴의 법칙(R = V/I)이다.

물성 저항의 고유저항/저항률, 비저항, 저항도(resistivity, ρ)(단위 및 기호: [Ω·m], [μΩ·cm])에 대하여 전기 도체의 형상(모양, 크기)과 무관한 재료 고유의 전기저항값이며, 도전성 물질의 저항적 물성(物性)을 수량화시킨 것으로 고유저항 표기 및 단위에 대하여 기호 표기는 ρ 또는 R°, 단위 표기는 [Ω·m] 또는 [μΩ·cm]이다.

여기서, 저항률(ρ)은 특정 물질이 갖게 되는 물성(物性) 전기저항으로서 모양 및 크기와 무관한 물리량이며, 저항률에 따른 도체, 부도체, 반도체를 비교하면 다음과 같다.

- 도체: $\rho = 10^{-5} \sim 10^{-10}$ [Ω·cm]

  예) Ag: 1.46, Cu: 1.7, Au: 2.44, Al: 2.8, W: 5.5, Pt: 10.5 [μΩ·cm]
- 반도체: $\rho = 10^{2} \sim 10^{-4}$ [Ω·cm]
- 부도체: $\rho = 10^{6} \sim 10^{2}$ [Ω·cm]

저항(R), 고유저항(ρ), 전도도(G), 도전율(σ)과의 관계에서, 균일 단면적을 갖는 저항 R은 도체 길이(L)에 비례하고, 단면적(A)에 반비례하며 다음 식으로 주어진다.

$$R = \rho \frac{L}{A} \tag{1.33}$$

저항의 역수 1/R은 전도도(conductance)로서 G로 표기되고, 재료의 물성 및 크기의 변수인 길이, 단면적에 의존한다. 고유저항(resistivity)의 역수 $1/\rho$은 도전율(conductivity)로서 ρ가 되고, 재료의 물성에만 의존한다.

리액턴스는 교류회로에서 나타나는 저항성 척도로서 교류 흐름의 변화를 방해하는 정도를 나타낸다. 리액턴스의 특징은 전압, 전류의 위상차를 일으키거나, 전력은 소모하지 않는 무손실 성분, 전도성 매질의 복합 효과인 임피던스 $Z = R + jX$의 복소수 표현에서 허수부 X이며, 단위는 Ω 이다. 실수부 R은 저항의 임피던스, 허수부 X는 유도성 및 용량성 리액턴스이다.

$$|Z| = \sqrt[2]{R^2 + \left(\omega L - \frac{1}{\omega C}\right)^2}$$

$$Z = R + jX = R + j\left(\omega L - \frac{1}{\omega C}\right) = R + j\,(X_L - X_C)$$

$$\theta = \tan^{-1}\frac{\left(\omega L - \frac{1}{\omega C}\right)}{R}$$

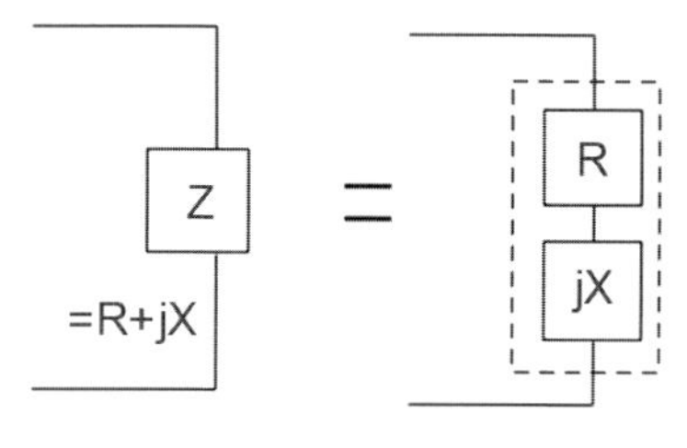

그림 1-11. 유도성 리액턴스

유도성 리액턴스(inductive reactance) 및 용량성 리액턴스(capacitive reactance)의 관계는 다음과 같이 정의된다.

$$X = X_L - X_C = \omega L - \frac{1}{\omega C} \tag{1.34}$$

$\omega L - \frac{1}{\omega C} > 0$: 유도성 리액턴스, 전압위상은 앞서고 전류위상은 뒤진다.

$\omega L - \frac{1}{\omega C} < 0$: 용량성 리액턴스, 전압위상은 뒤지고 전류위상은 앞선다.

$\omega L - \frac{1}{\omega C} = 0$: 공진, 전압, 전류위상이 동위상이다.

컨덕턴스 또는 전도도(conductance)는 전기, 열, 충격 등을 얼마나 잘 전달하는가의 정도를 의미한다. 한편 열 전도도(heat conductance)는 열에너지 전파에 의한 열전도 현상을 나타낸다. 전기 전도도인 전기적 컨덕턴스(electrical conductance)는 G로서 나타내며, 전압을 걸었을 때 얼마나 전류를 잘 흐르게 하는가에 대한 척도이다. 이 값은 전도율 및 단면적 S에 비례하고, 길이 L에 반비례하며, 전기회로에서 회로저항 R의 역수로서 다음과 같이 표현된다.

$$G = \frac{1}{R} \tag{1.35}$$

$$G = \frac{\sigma S}{L} \tag{1.36}$$

어드미턴스, 컨덕턴스(conductance), 서셉턴스(susceptance)와 임피던스(Z), 저항(R), 리액턴스(X)의 역수의 단위는 지멘스[S]이다. 관계식은 어드미턴스 1/Z=Y, 컨덕턴스 1/R=G, 서셉턴스 1/X=B이다. SI 단위로 지멘스(simens)이며 S라는 기호를 사용하고, 1 [S]=1 [A/V]=1 [1/Ω]이다. 19세기 후반 독일의 공학자 Wener 및 William Siemens 형제의 이름에서 유래하였다. 한편, 미국에서는 옴(ohm)을 거꾸로 표기한 모(mho)를 사용하며, 기호 형태는 Ω를 뒤집은 모양을 가진 [mho], [℧]이다.

누설 컨덕턴스(leakage conductances) G 또는 S [S/m]는 통상적으로 절연체가 완벽한 절연이 되지 못하여, 일부 절연 불량 등으로 미소량이나마 전류가 누설(누설전류)되어서 나타나는 저항성 손실 유형이다. 전송선로에서 나타나는 저항성 손실 유형으로 '도선 그 자체 저항' 및 '누설전류에 의한 누설 컨덕턴스', 사용 주파수, 절연물의 유전율, 사용 전압 및 유전 손실 등에 의해서 결정되는 값이다.

어드미턴스(admittance)는 교류 병렬회로에서 전류가 얼마나 잘 흐르는가를 나타내는 복소수 페이저양으로 나타내는 물리량이다. 어드미턴스 관계식 및 단위는 어드미턴스(Y)＝임피던스의 역수(1/Z)이다. 복소수 평면에서 다음과 같이 표현된다.

$$Y = \frac{1}{Z} = \frac{1}{R + jX} = \frac{R}{R^2 + X^2} - j\frac{X}{R^2 + X^2} = G + jB \ [S] \qquad (1.37)$$

여기서, 실수부 G는 컨덕턴스[S], 저항 성분의 역수 G＝1/R, 허수부 B는 서셉턴스[S], 리액턴스 성분의 역수 B＝1/X이다. 어드미턴스(Y), 컨덕턴스(G), 서셉턴스(B) 단위는 SI 단위계로 지멘스이며, S 기호를 사용한다.

지수함수, 복소함수의 멱급수전개 관계식은 다음과 같이 Euler 공식으로 유도된다.

$$e^x = \sum_{n=0}^{\infty} \frac{x^n}{n!} = 1 + x + \frac{x^2}{2!} + \frac{x^3}{3!} + \cdots + \frac{x^n}{n!} + \cdots \qquad (1.38)$$

$$\begin{aligned} e^{j\theta} &= 1 + j\theta + \frac{j^2\theta^2}{2!} + \frac{j^3\theta^3}{3!} + \cdots + \frac{j^n\theta^n}{n!} + \cdots \\ &= \left(1 - \frac{\theta^2}{2!} + \frac{\theta^4}{4!} - \cdots\right) + j\left(\theta - \frac{\theta^3}{3!} + \frac{\theta^5}{5!} - \cdots\right) \\ &= \cos\theta + j\sin\theta \end{aligned} \qquad (1.39)$$

특히 직류만의 회로가 아니고 코일과 콘덴서가 같이 존재하는 교류회로에서는 임피던스를 생각해야 한다.

$$Z = R + jX,\ X = X_L + X_C \tag{1.40}$$

$$X_L = j\omega L,\ X_C = \frac{1}{j\omega L} \tag{1.41}$$

여기서 Z는 임피던스 [Ω], R은 저항 [Ω], X는 리액턴스 [Ω], L은 인덕턴스(inductance) [H], C는 커패시턴스 [F]이다. 임피던스의 역수를 어드미턴스라고 한다. 어드미턴스의 뜻은 "허가하다, 들어가다"의 뜻이다.

$$Y = G + jB \tag{1.42}$$

$$B = B_L + B_C \tag{1.43}$$

$$B_L = \frac{1}{j\omega L},\ B_C = j\omega C \tag{1.44}$$

여기서 Y는 어드미턴스 [℧], G는 컨덕턴스 [℧], B는 서셉턴스 [℧], $\frac{1}{L}$ 은 릴럭턴스 $\left[\frac{A}{Wb} = \frac{1}{H}\right]$, $\frac{1}{C}$ 은 엘라스턴스(elastance) $\left[\frac{1}{farad} = daraf\right]$ 이다.

코일(coil)의 DC저항 성분은 이상적인 상태(ideal condition)에서는 0(zero)이다. 즉, 무손실이지만 실제 상태에서는 소량의 저항이 있다. 시험기의 ohm 범위(range)로 놓고 측정해 보면 더욱더 잘 알 수 있다. 리액턴스 값은 DC저항 성분에 주파수를 인가해 주면 된다.

$$X_L = j\omega L\,[℧] \tag{1.45}$$

패러데이 법칙에 의해서 코일 양단에 유도되는 기전력은 다음과 같이 표현된다.

$$e = -n\frac{d\phi}{dt}\,[V] \tag{1.46}$$

(ϕ는 코일에서 나오는 자속 수, n은 코일의 감은 수이다)

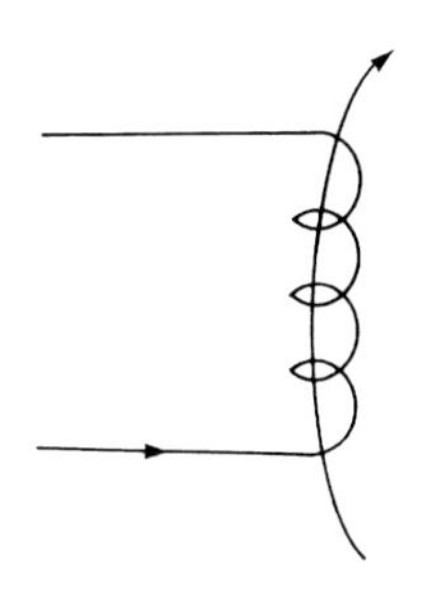

그림 1-12. 코일과 기전력

즉, 시간적 변화에 따라 유도기전력이 발생된다. "−"의 기호는 인가전류의 방향과 유도기전력의 방향이 반대가 된다. 코일의 물리적인 의미를 살펴보면 다음과 같다.

$$e = -n\frac{d\phi}{dt} \ \ [V]$$

$$= -L\frac{di}{dt} \ \ [V]$$

어떤 코일 L에 인가전류 i가 들어가면 그 코일 양단에는 flux, ϕ가 나온다. 여기서 ϕ는 i에 비례하므로 $\phi \propto i$ 이다. 여기서 비례상수는 L(self inductance, 자기 인덕턴스)이며, 다음의 관계가 있다.

$$\phi = L \cdot i \tag{1.47}$$

이상을 패러데이 법칙에 대입하면 다음과 같이 얻어진다.

$$e = -n\frac{d\phi}{dt}$$

$$= -L\frac{di}{dt} \ \ [V] \tag{1.48}$$

이 식은 코일 양단에 유기되는 전압을 표시한다. 교류회로에서는 대단히 많이 사용되는 수식이니 잘 기억하기 바란다. 여기서 L을 인덕턴스라고 하며 "유도성"의 개념이다. 코일은 자기회로에 사용되는데 자기회로에도 Ohm의 법칙이 존재한다. 전기회로에서 Ohm의 법칙은 기전력 [V] = 전류 [A]×전기저항 [Ω]이므로, V = I · R이다. 자기회로에서는 기자력 [A] = 자속[Wb]×자기저항(R_m)이다.

$$F = N \cdot I = R_m \cdot \phi [A \cdot turn] \tag{1.49}$$

자기저항을 릴럭턴스(reluctance)라고 하는데 인덕턴스와 관계를 살펴보면

$$L = \frac{\phi}{I} \left[H = \frac{Wb}{A}\right] \tag{1.50}$$

이고, 자기저항 R_m의 단위는 $\left[\frac{A}{Wb}\right]$이므로 서로 역수관계에 있다. 즉, 자기저항의 단위는 $\left[\frac{1}{H}\right]$이 된다. 코일이 두 개 이상 같은 영역에 존재할 때는 상호 인덕턴스(mutual inductance)와 자기 인덕턴스가 같이 존재한다.

콘덴서(condenser)에 전류가 통하는 경우를 고려해 본다. 전류는 전하의 이동이므로 도선을 따라가다가 +Q 전하가 유도되고 그 다음에 −Q, 또 다음에 +Q …… 축전기 내부에서는 +Q, −Q가 서로 상쇄되고 외부 평판에는 +Q와 −Q가 나타나게 된다. 즉, 내부에서는 전하량이 축적되어 차곡차곡 쌓이게 되고(condenser) 그 값의 양이 용량(capacity)이다. 용량(그릇)이 크게 되면 전하를 많이 가질 수 있고, 작으면 전하를 적게 갖는다. 그것은 외부에서 인가해 준 a, b 사이의 단자전압에 관계된다. 축적되는 전하량은 외부 전압에 비례한다.

$$i = \frac{dQ}{dt}$$

$$V = \frac{1}{C}\int i \cdot dt$$

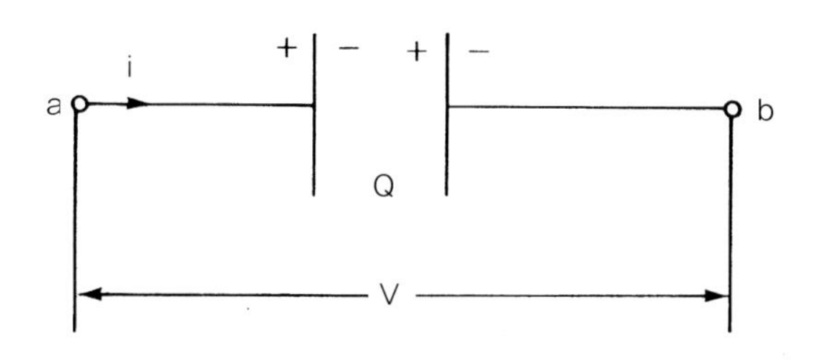

그림 1-13. 콘덴서와 전압

$$Q \propto V \tag{1.51}$$

그때의 비례상수가 capacity이다.

$$i = \frac{dQ}{dt} \text{ 이므로, } Q = C \cdot V \ [C] \tag{1.52}$$

$$\frac{dQ}{dt} = \frac{d}{dt}(C \cdot V)$$

$$V = \frac{1}{C}\int i \cdot dt \tag{1.53}$$

$$V = L\frac{di(t)}{dt} \tag{1.54}$$

이것이 콘덴서의 양단 전압이다. 콘덴서의 정전용량의 단위는 패럿[F]이다. 즉, 용기의 대소에 따라 정한다. 정전용량의 역수를 엘라스턴스(elastance)라고 하고, 단위는 $\frac{1}{\text{farad}} = \text{daraf}$ 라고 쓴다. 콘덴서는 직렬로 연결하면 연결할수록 전체의 용량은 더 작아지고 병렬로 연결하면 점점 더 커진다는 사실을 잊지 않도록 해야 한다. 콘덴서의 DC저항 성분은 ∞이지만(open 상태) 완전히 충전되면 0에 가까워진다(short 상태). 그리고 방전되는 상태에 따라서 값이 변화한다.

RLC 직렬회로 각각의 단자전압에 Kirchhoff 법칙(KVL, KCL)을 적용하면 RLC 직렬회로 2차 미분방정식은 다음과 같이 성립된다.

$$V = V_R + V_L + V_C \tag{1.55}$$

$$= I \cdot R + \frac{d\phi}{dt} + \frac{Q}{C} \tag{1.56}$$

$$= I \cdot R + L\frac{di}{dt} + \frac{1}{C}\int i \cdot dt \tag{1.57}$$

$$Ri(t) + L\frac{di(t)}{dt} + \frac{1}{C}\int i(t)\,dt = e(t) \tag{1.58}$$

$$L\frac{d^2i(t)}{dt^2} + R\frac{di(t)}{dt} + \frac{i(t)}{C} = \frac{de(t)}{dt} \tag{1.59}$$

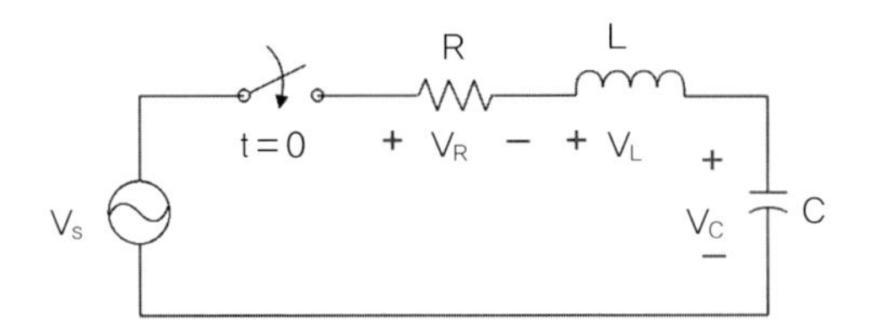

그림 1-14. RCL 직렬회로의 Kirchhoff 법칙

여기서 e(t)는 인가전압이다. 또한 RLC 병렬회로에 대하여 다음의 관계식이 성립한다.

$$I = I_R + I_L + I_C \tag{1.60}$$

$$C\frac{d^2v(t)}{dt^2} + \frac{1}{R}\frac{dv(t)}{dt} + \frac{1}{L}v(t) = \frac{di(t)}{dt} \tag{1.61}$$

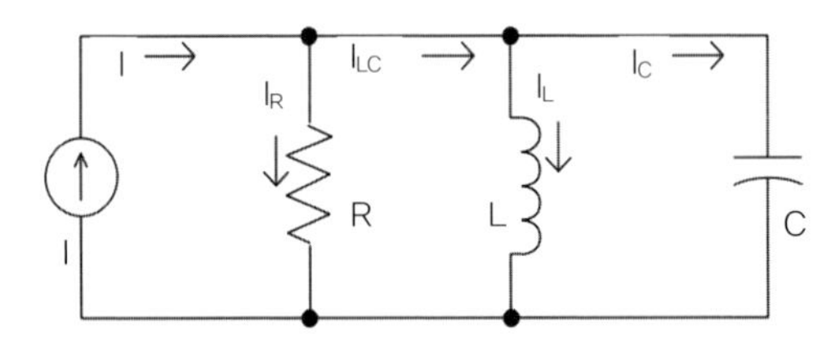

그림 1-15. RCL 병렬회로의 Kirchhoff 법칙

Chapter

2

항공 전기전자

2.1. 항공 전기

옴의 법칙(ohm's law): 도체를 통과하는 전류는 도체에 가해진 전압에 정비례하고 도체의 저항에 반비례한다. 그러므로 저항 1 [Ω]은 1 [V]의 전압이 가해진 곳에서 도체에 1 [A]로 전류 흐름을 제한한다. 옴의 법칙으로부터 나타나는 기본적인 공식은 다음과 같다. E=I×R에서 E는 볼트로 측정되는 기전력(electromotive force), I는 암페어로 측정되는 전류, 그리고 R은 옴으로 측정되는 저항이다. 다음 공식들 또한 전류와 저항값을 구하기 위해 사용할 수 있다.

다음 공식들은 또한 전류와 저항값을 구하기 위해 사용할 수 있다. 전류, 전압, 저항의 관계는 독일의 물리학자 옴(Georg Simon Ohm, 1789~1854)에 의해 제안된 옴의 법칙이다.

$$E = IR,\ R = \frac{E}{I},\quad R = \frac{V}{I} = \frac{24}{2} = 12\,\Omega$$

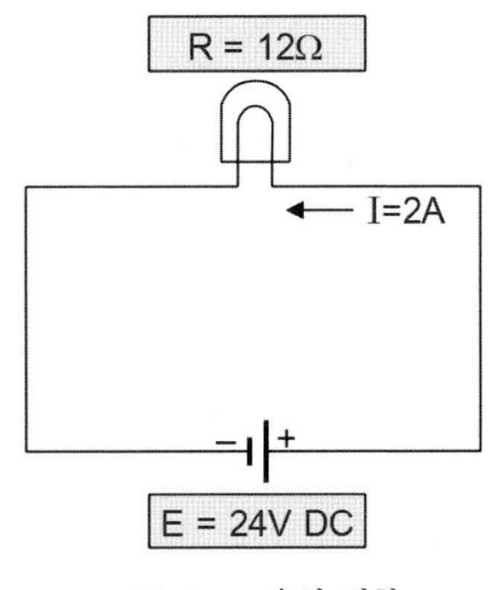

그림 2-1. 옴의 법칙

항공기에 28 [V]의 착륙등(landing light) 회로에 4Ω의 저항을 가지는 램프가 달려있고, 회로의 전체 전류를 계산할 수 있다. 또 다른 회로는 28 [V] 제빙장치 회로이며, 회로에는 6.5 [A]의 전류가 흐르고, 제빙장치의 저항을 계산할 수 있다. 유도등(taxi light)은 4.9 [Ω]의 저항을 가지며 2.85 [A]의 전체 전류가 흐른다. 시스템전압을 계산하기 위하여 옴의 법칙을 적용하면 간단히 얻어진다.

정비 적용을 위한 항공기 전기회로를 고장 탐구할 때는 언제나 옴의 법칙을 고려하는 것이 중요하다. 저항과 전류 흐름 관계에 대한 올바른 이해는 회로의 개방(open) 또는 단락(short)을 결정하는 데 도움을 줄 수 있다.

낮은 저항이 전류의 증가를 불러일으킨다는 것을 기억한다면 회로 차단기(circuit breaker, CB)가 튀어나오고, 퓨즈(fuse)가 녹는 이유를 설명할 수 있을 것이다. 대부분의 경우에 항공기 부하(load)는 서로 병렬로 배선되어 있다. 모든 부하는 정전압(constant voltage)이 걸리고, 전류가 흐르며, 저항의 역할이 된다.

전류(electrical current): 전류는 전자의 이동이라 할 수 있다. 이러한 전자의 이동은 전류, 흐름, 또는 전류의 흐름이라고 부른다. 전자의 움직임은 도체, 즉 전선 내에서 일어난다. 전류는 일반적으로 암페어(ampere) 단위로 측정된다. 전류에 대한 기호는 I이고, 암페어의 기호는 A이다. 전류로 측정되는 것은 일정한 시간에 도체를 통과하는 전자의 수라고 말할 수 있다. 전류의 국제적 단위는 암페어[A]이다. 1 [A]의 전류는 1초 동안에 도체를 거쳐지나가는 1쿨롬[C]의 전하와 같다. 1쿨롬의 전하는 6.28×10^{18}개의 전자와 같다. 쿨롬의 단위는 실제로 사용하기에는 너무 작은 단위이기 때문에 암페어 단위가 사용하기에 더 편리하다.

전류가 한쪽으로만 흐를 때 직류(direct current, DC)라고 한다. 회로 내에서 주기적으로 전류의 방향이 바뀌는 것을 교류(alternating current, AC)라고 한다. 즉, 전류는 전자를 밀어주는 힘이 있을 때 발생하게 된다. 이 힘을 전압이라고 한다. 전압이 도체에 가해졌을 때, 기력이 도체에 전기장(electric field)을 발생시키면 전류가 발생한다. 전자는 직선 방향으로 움직이는 것이 아니라, 도체 내에 가까이 있는 원자들과 반복해서 충돌한다. 이러한 충돌은 다른 전자들을 그들의 원자로부터 떨어뜨린다. 떨어진 전자들은 표류속력이라고 부르는, 상대적으로 낮은 평균 속력으로 도체의 양극전단(positive)으로 이동한다.

기전력(electromotive force, voltage): 전압(voltage)은 전기적인 압력(electrical pressure force)이라고 할 수 있다. 이것은 기전력이라고 부르며, 도체의 한쪽 끝단에서 반대쪽 끝단으로 전자를 움직이는 압력이다. 기전력의 기호는 E이다. 기전력은 항상 2개의 지점 사이에서 측정되며 전압은 2개의 지점 사이의 값이다. 예를 들어보자. 일반적인 항공기 축전지의 단자 사이에 전압은 12 [V] 또는 24 [V]의 전위차로 측정된다. 이러한 전압은 축전지의 2개 단자 사이에 걸리는 힘이라 할 수 있으며, 이를 통해 회로에 전류가 흐르게 된다. 축전지의 음극단자에 있는 자유전자는 양극단자에 있는 수많은 양전하 쪽으로 이동한다. 이러한 과정을 통해 도체에 전류가 흐르게 된다. 축전지, 발전기 또는 지상동력장치를 통해 전압이 공급되지 않으면 도체에 전류가 흐를 수 없다. 전기시스템의 2개 지점 사이에 발생하는 전압(전위차)은 다음 식에 의해 결정된다.

$$V_2 - V_1 = V_{Drop} \tag{2.1}$$

저항(resistance): 전류와 전압의 두 가지 근본 성질은 저항이라는 세 번째 속성과 관계된다. 전기회로에 전압이 가해졌을 때 전류가 발생하게 되는데, 이때 저항은 주어진 전압 1 V당 흐르는 전류의 양을 결정한다. 일반적으로 회로저항이 크면 클수록, 전류는 작아진다. 만약 저항이 줄어들면 전류는 증가한다. 이 관계는 사실상 선형이며 옴의 법칙으로 알려졌다. 예를 들어, 전압이 그대로일 때 회로의 저항이 2배가 되면, 저항을 통과하는 전류는 반으로 줄어든다. 도체와 절연체 사이에 명확한 경계선은 없지만, 적절한 조건에서 모든 재료는 약간의 전류를 전도한다. 도체와 부도체(절연체) 사이에 적절한 저항과 전류를 제공하는 재료는 “반도체”라고 하며, 트랜지스터 분야에 적용된다. 도체는 다수의 자유전자를 소유한 재료로 주로 금속이고, 반대로 절연체는 적은 자유전자를 갖는 재료이다. 도체는 은, 구리, 금, 그리고 알루미늄이지만, 탄소와 물 같은 일부 비금속도 도체처럼 사용될 수 있다. 고무, 유리, 도기, 그리고 플라스틱 등과 같은 재료는 보통 절연체로 사용되는 부도체이다.

전자기력(electromagnetic power, force): 전기에너지는 수많은 방법으로 만들어 낼 수 있다. 일반적인 방법은 빛, 압력, 열, 화학제품, 그리고 전자기 유도(electromagnetic induction) 등을 이용하는 것이다. 이 중 전자기 유도는 인간이 사용하는 전력 중 대부분 생산에 가장 큰 부분을 차지한다. 실질적으로 전력을 발생시키는 발전기와 교류기 등 모든 기계장치는 전자기 유도의 과정을 이용한다.

전력을 위한 빛, 압력, 열, 그리고 화학적인 이용은 항공기에서도 찾아볼 수 있으나, 이는 극히 일부에 해당한다. 간단히 말해, 태양광 전지는 빛을 이용하여 전기를 만들어낼 수 있다. 광전지에는 빛에너지를 전압과 전류로 전환하는 특정한 화학물질이 들어 있다. 전력을 발생시키기 위해 압력을 이용하는 것을 일반적으로 압전효과(piezoelectric effect)라고 부른다. 그리스어에서 따온 압력(piezo 또는 piez는 press, pressure, squeeze)의 의미이며, 압전효과는 유전체(dielectric) 또는 부전도 수정(nonconducting crystal)에 물리적 압력을 적용한 결과이다. 화학에너지를 전기로 변환하는 가장 일반적인 방법은 전지를 이용하는 것이다. 일차전지는 알칼리성의 전해액과 같은 화학용액에 2개의 서로 다른 금속을 이용하여 전기를 생산한다. 화학 반응(chemical reaction)은 많은 전자를 자유롭게 하는 금속 사이에서 발생한다.

전기를 생성하기 위해 사용된 열은 열전효과(thermoelectric effect)를 일으킨다. 열전쌍(thermocouple)이라고 부르는 장치에 열이 가해지면 전압이 생성된다. 열전쌍은 온도차에 관계된 전압을 발생시키는 서로 다른 2개 금속의 접합이다. 만약 열전쌍이 완성 회로에 연결되면 전류가 흐른다. 열전쌍은 가끔 실린더 헤드 온도계와 같은 온도 감시 시스템의 일부로서 항공기에서 찾아볼 수 있다. 전자기 유도는 도선에 관계되는 자기장(magnetic field)을 움직여서 전압, 즉 기전력을 만드는 과정이다. 그림 2-2와 같이 도선, 전선이 자기장에서 움직일 때, 기전력이 도선에서 발생한다. 만약 완성 회로가 도선에 연결된다면 전압 또한 전류 흐름을 만들어 낸다. 그림 2-2와 같이, 단심(single conductor)은 전자기 유도를 매개로 하여 많은 전압과 전류를 만들지는 못한다. 단선 대신 전선의 코일이 강한 자석의 자기장을 통과하여 움직이면 더욱 큰 전기출력(electrical output)을 발생시킨다. 대부분의 경우에 자기장은 강력한 전자석을 사용하여 만들어 진다. 일반적인 자석과 더욱 강한 자기장을 만들어내는 전자석의 특징 때문에 더욱 큰 전압과 전류를 만들어 낸다.

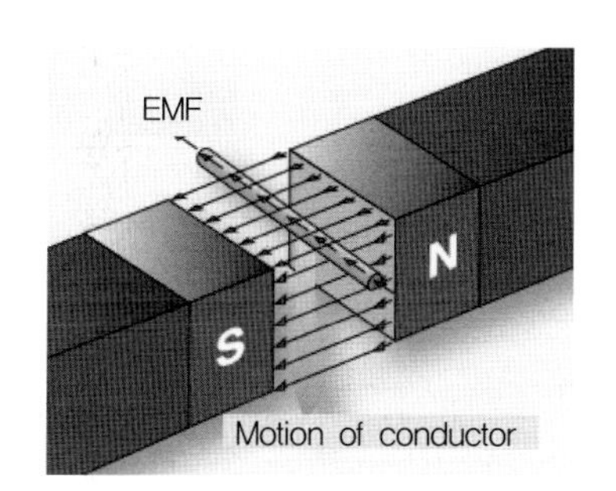

그림 2-2. 도체에서 전자기력(EMF)의 유도

$$\text{power(P)} = \text{current(I)} \times \text{voltage(E)}$$

전압, 즉 전기압력은 전류, 즉 전자 흐름을 만들어 내기 위해 있어야 한다는 것을 기억하라. 여기서 전력에 관해서 전압과 전류가 자주 언급된다. 그러므로 전자기 유도의 과정을 통해 발전된 출력에너지는 항상 전압으로 구성된다. 또한 전류는 완성 회로가 그 전압에 연결되었을 때의 결과이다. 전력은 전기압력 E, 즉 기전력과 전류 I 모두가 있을 때 발생된다. 도선과 자기장 사

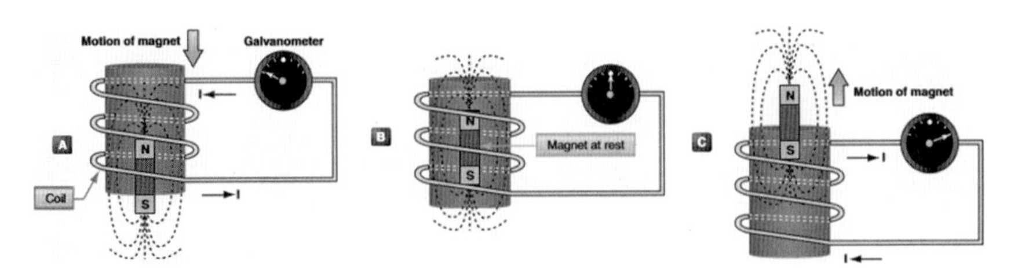

그림 2-3. 유도전류의 흐름

이의 상대적인 운동이 도선에 전류를 흐르게 한다. 도선 또는 자석 중 어느 하나를 움직이거나 고정할 수 있다. 그림 2-3과 같이 자석과 자석의 장(field)이 코일형 도선(coiled conductor)을 관통하여 움직일 때, 특정한 극성을 가지고 있는 직류전압이 생성된다. 이 전압의 극성은 자석이 움직이는 방향과 자기장의 S극과 N극의 위치에 따라 결정된다. 그림 2-4와 같이, 발전기 오른손 법칙(right-hand rule)은 도선 내에 전류 흐름의 방향을 결정하는 데 사용된다. 물론 전류 흐름의 방향은 도선에서 유도된 전압의 극성과 관계된다.

실제로는 전자기 유도의 과정을 이용하여 전압과 전류를 만들어주는 회전기가 필요하다. 일반적으로 모든 항공기에서 발전기 또는 교류기는 항공기에 쓰이는 전력을 생산하기 위해 전자기 유도의 원리를 이용한다. 그림 2-4와

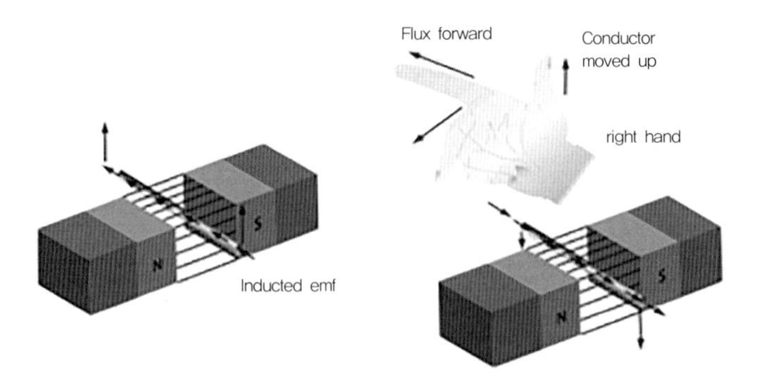

그림 2-4. 발전기의 오른손 법칙 및 유도 전압

같이, 자기장이나 도선 모두 회전하여 전력을 만들어낼 수 있다. 항공기 엔진과 같은 기계장치로 이러한 회전을 일으킨다. 전자기 유도의 과정에서, 유도전압과 전류의 값은 세 가지 기본 요소에 따른다. ① 도선 코일의 회전수(loop)가 많을수록 더 큰 유도전압이 발생한다. ② 전자석(자기장)이 강하면 강할수록 유도전압은 더 커진다. ③ 도선 또는 자석의 회전 속도가 빠를수록 유도전압은 더 커진다.

그림 2-5에서는 전압을 발생시키기 위해 사용된 회전 기계장치에 대해 설명하고 있다. 이러한 장치는 A와 B로 표시된 N극과 S극 사이의 회전루프(rotating loop)로 이루어진다. 루프의 끝단은 2개의 금속 슬립링(slip-ring), 즉 집전고리(collector ring) C1과 C2에 연결된다. 전류는 슬립링에서 브러시를 통하여 나온다. 만약 루프가 전선 A와 B로 분리된 것이라면 발전기에 대한 오른손 법칙을 적용하고, 전선 B가 자기장을 가로질러 위쪽으로 이동할 때 전압은 전류가 독자의 반대 방향으로 흐르도록 유도한다는 것을 알 수 있다. 전선 A가 자기장을 가로질러 아래쪽으로 이동할 때, 전압은 전류가 독자 쪽으로 흐르도록 유도한다. 전선이 루프로 형성되면 루프의 양쪽에서 유도된 전압은 합쳐질 수 있다. 그러므로 자기장이 회전할 때 전선 A 또는 전선 B의 작용은 루프의 작용과 유사하다고 볼 수 있다.

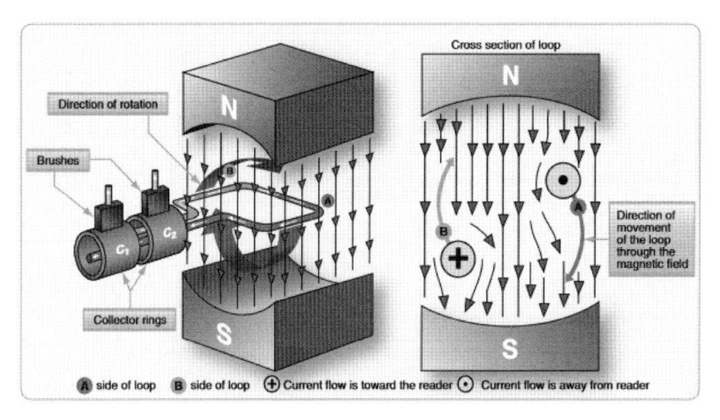

그림 2-5. 간단한 발전기 형상

교류(alternative current): 교류 전기시스템은 대부분 다발항공기(multi engine plane), 고성능 터빈항공기, 그리고 운송용 항공기에서 찾아볼 수 있다. 교류는 산업과 가정의 전원으로 사용되는 것과 동일한 형태의 전기이다. 직류는 경량항공기와 자동차와 같이 축전지 전원을 사용하는 시스템에 이용된다. 항공기 전기시스템은 직류전력보다 교류전력을 이용할 때 많은 이점이 있다.

교류는 전압을 변압기를 이용하여 승압하거나 감압할 수 있기 때문에, 직류보다 더욱 쉽고 경제적으로 장거리 송전을 할 수 있다. 항공기, 특히 대형 운송용 항공기에서 점점 더 많은 부품이 전기로 작동되는 것은 교류를 통해 동력 소요가 줄어드는 이점 때문에 실현될 수 있는 것이다. 특히 전동기와 같은 교류장치는 직류장치보다 더 작고 간단하기 때문에 공간과 무게를 절약할 수 있다. 대부분 교류 전동기에서는 브러시가 필요하지 않으며 직류 전동기보다 정비 횟수가 적다.

직류시스템에서는 아크의 발생으로 인해 회로 차단기를 자주 교체해야 하는 반면, 교류시스템에서는 부하가 걸린 상태에서도 만족스럽게 작동한다. 마지막으로 24 [V] 직류시스템을 사용하는 대부분 비행기는 일정 양의 400 [cycle] 교류전류를 필요로 하는 특별한 장비를 갖추고 있다. 이런 항공기를 위해 직류를 교류로 변환시켜주는 인버터(inverter)라고 부르는 장비가 사용된다.

교류는 이름에서 알 수 있듯이 값과 극성이 주기적으로 변화하는 것이다. 그림 2-6에서는 직류와 교류를 비교하여 보여준다. 직류의 극성은 절대로 변

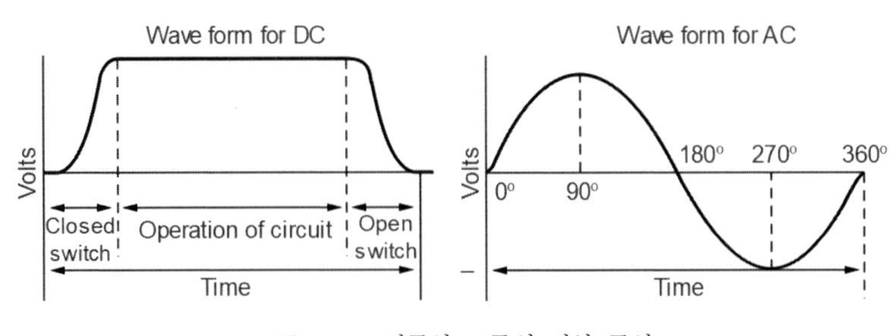

그림 2-6. 직류와 교류의 전압 곡선

하지 않지만, 교류에서는 극성과 전압이 주기적으로 변한다. 교류주기(AC cycle)는 주어진 간격이 반복되는 것임을 주목해야 한다. 교류는 전압과 전류 모두 영(zero)에서 시작하여 증가하다가 최고점에 도달한 후 감소하며 극성을 반대로 한다. 이를 그려보면 교류 파형을 볼 수 있다. 이 파형을 사인파라고 부른다. 용어에 대하여 다음과 같이 서술한다.

(1) 교류에 대한 값(values of AC)으로 전압과 전류 모두에 적용되는 세 가지 값이 있다. 순간값(instantaneous value), 최고값(peak value), 그리고 유효값(effective value)이라고 부르며, 이 값들은 사인파를 규정하는 데 도움이 된다. 이 값들은 모든 교류회로(AC circuit)에서 전압과 전류에 적용된다.

(2) 순간값은 교류파에 따르는 어떤 순간에서의 값이다. 사인파는 연속된 순간값을 나타낸다. 전압의 순간값은 0[°]의 영(zero)부터 90[°]의 최댓값까지, 180[°]에서 다시 0(zero)으로 감소되고, 270[°]에서 반대 방향으로 최댓값까지, 그리고 360[°]에서 다시 0(zero)으로 바뀐다. 사인파상의 어느 한 지점 또한 전압의 순간값으로 간주된다.

(3) 최고값은 가장 큰 순간값이다. 가장 큰 하나의 양의 값은 사인파가 90[°]에 도달할 때 나타나고, 가장 큰 하나의 음의 값은 사인파가 270[°]에도 달할 때 나타난다. 비록 교류사인파를 이해하는 데 중요하지만 최고값은 항공정비사에 의해 드물게 사용된다.

(4) 전압에 대한 유효값은 항상 사인파의 최고값, 즉 최댓값보다 적고 동일한 값의 직류전압에 가깝다. 예를 들어, 24 [V]와 2 [A]의 교류회로는 24 [V]와 2 [A]의 직류회로에서 저항기를 통해 동일한 열을 발생시킨다. 유효값은 수학적 방법을 사용하여 root mean square 또는 RMS값으로 알려져 있다. 대부분 교류계측기는 교류의 유효값을 나타내며, 대부분의 경우 시스템 또는 장비의 정격전압과 정격전류는 유효값이 주어진다. 다시 말해, 산업정격은 유효값에 근거한다. 특정한 경우에만 최고값과 순간값을 사용한다. 교류에서 전류 또는 전압에 대해 주어진 값은 다른 방법으로 명시되지 않았다면 유효

값으로 본다. 실질적으로 전압과 전류의 유효값만을 사용한다. 유효값은 최고값, 즉 최댓값의 0.707배이다

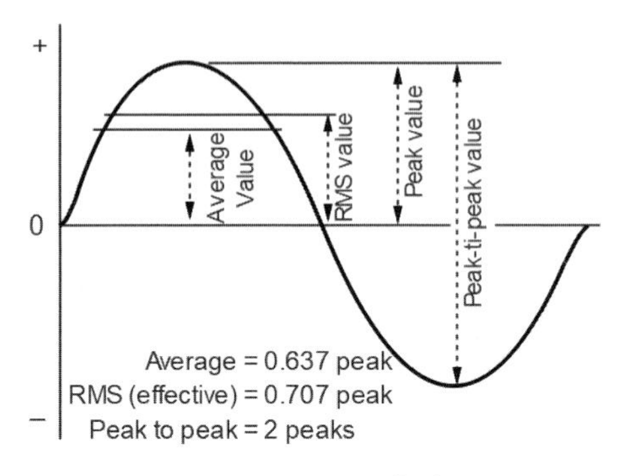

그림 2-7. 교류의 값

반대로 최고값은 유효값의 1.41배이다. 그러므로 교류에 주어진 110 [V] 값은 이 전원의 최고전압의 0.707배이다. 최대전압은 약 155 [V](110×1.41 = 155[V])이다. 그림 2-7에서 보여주는 것과 같이, 얼마나 자주 교류파형이 반복되는지는 교류주파수로 알 수 있다. 주파수는 일반적으로 cycle per second(cps) 또는 헤르츠 [Hz]로 측정된다. 1 [Hz]는 1 [cps]와 같다. 사인파가 한 번 순환하기 위해 필요한 시간을 주기(period, P)라 한다. 주기의 단위로 second, millisecond, 또는 microsecond 등을 사용한다. 주기는 항상 순환이 교류발전기의 회전에서 360[°]에 관계되는 것처럼, 360[°]에 완성된다는 것을 말한다.

이와 같이 주기 패턴이 완성되는 것이다. 전압 또는 전류가 연속된 변화를 거쳐 결국 출발점으로 되돌아가고, 다시 똑같은 연속된 변화를 시작하게 되는데, 이러한 것을 순환이라 한다. 그림 2-8은 전압값을 도표로 나타낸 것이다.

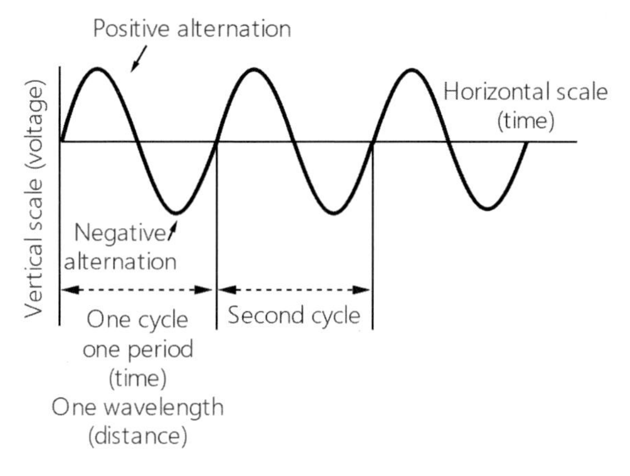

그림 2-8. 전압의 주기

그림 2-8에서는 완전한 교류 주기가 나타난다. 한 번의 순환은 사인파 또는 360[°]라고 말한다. 이것은 전압이 영(zero)인 사인파에서 시작하는 것이다. 이때 전압은 양의 최댓값으로 증가한 후 영의 값으로 감소하고, 음의 최댓값으로 증가하고 다시 영으로 감소한다. 순환은 전압을 더 이상 이용할 수 없을 때까지 반복한다. 완전 순환으로 두 가지의 교번이 있는데, 양의 교번(positive alternation)과 음의 교번(negative alternation)이다. 전압의 극성은 매 반순환(half-cycle)마다 반대로 한다는 것에 주목한다. 그러므로 양의 반순환 시에 전자 흐름이 한쪽 방향으로 흐른다면, 음의 반순환 시에 전자는 방향을 반대로 하고 회로를 통해 반대쪽으로 흐른다.

주파수(frequency): 주파수는 1 [sec]당 교류 순환의 횟수이다. 그림 2-9와 같이, 주파수 측정의 기본 단위는 헤르츠[Hz]이다. 발전기에서 전압과 전류는 코일 또는 도선이 자석의 북극과 남극 아래로 지나갈 때마다 완전 순환의 값을 거쳐 지나간다. 코일 또는 도선의 매 회전운동마다 순환의 횟수는 극의 한 쌍의 수와 같다. 주파수는 회전운동의 순환의 횟수에 초당 회전수를 곱한 것과 같다.

주기(period): 한 번의 전주기(full cycle)를 완성하기 위한 사인파에서 요구된 시간을 주기라고 부른다. 그림 2-8과 같이 사인파의 주기는 주파수에 반비례한다. 즉, 주파수가 커지면 커질수록 주기는 더 짧아진다. 주파수와 주기 사이의 수리적 관계는 다음과 같이 주어진다.

$$\text{period: } t = \frac{1}{f},\ \text{Frequency: } f = \frac{1}{t}$$

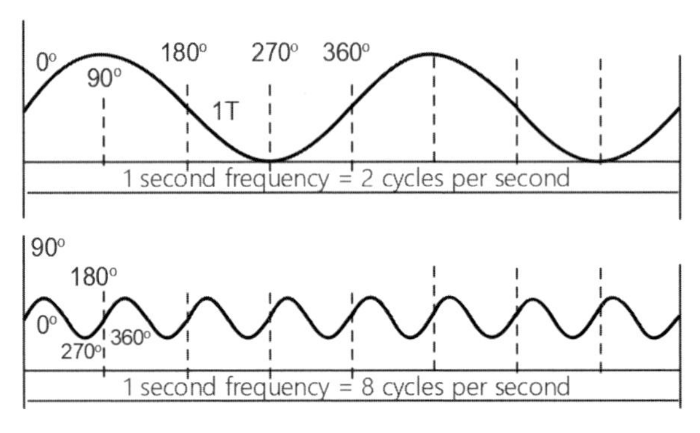

그림 2-9. 단위 시간당 주기

파장(wavelength): 파형이 한 번의 주기 동안 이동한 거리를 일반적으로 파장이라고 하며, 그리스 문자 람다(lambda, λ)로 나타낸다. 파장은 다음 공식으로서 주파수에 관계된다.

$$\frac{\text{wave speed}}{\text{frequency}} = \text{wave length}$$

주파수가 높으면 높을수록 파장은 더 짧아진다. 그림 2-9와 같이, 파장은 파형의 하나의 지점에서 다음번 파형에 대응점까지의 길이를 말한다. 파장은 거리이기 때문에, 측정의 일반적인 단위는 미터(meter), 센티미터(centimeter), 밀리미터(millimeter), 또는 나노미터(nanometer)이다. 예를 들어, 주파수 20 [Hz]의 음파는 17 [m]의 파장을 갖고, 눈에 보이는 4.3×10^{-12} [Hz]의 적색광파는 개략적으로 700 [nanometer]의 파장을 갖는다. 실제의 파장은 파형이 통과하는 매질에 따라 달라진다.

위상관계(phase relationships): 일반적으로 각도(degree)로 측정되는 2개의 사인파 사이의 관계이다. 예를 들어, 만약 전력을 생산하는 2개의 서로 다른 교류기가 있다면, 그들 각각의 사인파를 비교하여 그들의 위상관계를 쉽게 결정할 수 있다. 그림 2-10(b)에서 2개의 전압 파형 사이에 90[°] 위상차(phase difference)가 있는 것을 볼 수 있다. 위상관계는 어떤 2개의 사인파 사이에 있을 수도 있다. 위상관계는 서로 다른 교류기 또는 동일한 교류기에 의해 생산된 두 개의 전류와 전압 사이에서 측정될 수 있다. 그림 2-10(a)에서는 동일한 시간축에 겹쳐 놓은 전압신호와 전류신호를 보여준다. 전압이 (+)교번으로 증가할 때 전류도 역시 증가하여, 전압이 최고값에 도달할 때 전류 또한 최고값에 도달하게 된다. 이후 두 파형은 영(zero) 크기로 다시 감소하고, 저항(resistance)은 직류회로와 마찬가지로 교류회로에서도 전류를 방해한다. 교류회로의 저항을 통과하는 전류는 그 회로의 가해진 저항에 반비례하고 전압에 정비례한다.

교류회로에서 전자의 흐름, 즉 전류를 방해하는 세 가지 요인이 있다. 직류회로와 같이 저항은 옴(ohm)의 단위로 주파수에 관계없이 교류에 영향을

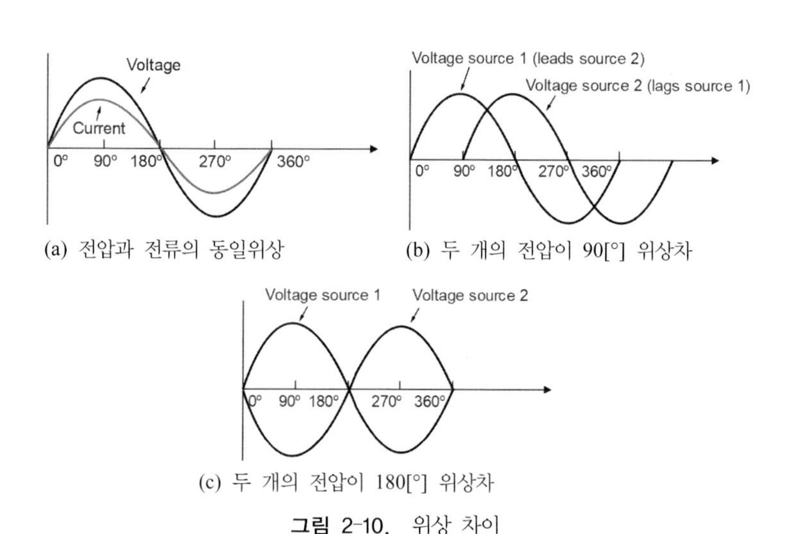

(a) 전압과 전류의 동일위상

(b) 두 개의 전압이 90[°] 위상차

(c) 두 개의 전압이 180[°] 위상차

그림 2-10. 위상 차이

미친다. 반면, 유도 리액턴스(inductive reactance)와 용량 리액턴스(capacitive reactance)는 직류회로에서는 일어나지 않으며, 오직 교류회로에서만 전류의 흐름을 방해한다. 교류는 일정하게 방향과 강도가 변하기 때문에, 인덕터(inductor)와 커패시터(capacitor)는 교류회로에서 전류 흐름의 방해를 만들어 낸다. 또한 유도 리액턴스와 용량 리액턴스는 교류회로에서 전압과 전류 사이에 위상변이를 일으킨다. 교류회로를 분석할 때 저항, 유도 리액턴스, 그리고 용량 리액턴스를 고려하는 것은 매우 중요하다. 세 가지 모두 교류회로의 전류에 영향을 준다.

방정식 I=E/R과 E=I×R은 전류와 전압, 저항과의 관계를 보여준다. 교류회로에서 저항은 전압과 전류 사이에 위상변이를 만들어 내지 않는다는 것에 주목해야 한다. 그림 2-11에서는 11.5 [A]의 전류가 10 [Ω]의 회로에 115 [V]의 교류저항 회로를 통과하여 어떻게 흐르는지 보여준다.

$$I = \frac{E}{R} = \frac{115\,V}{10\,\Omega} = 11.5\,A$$

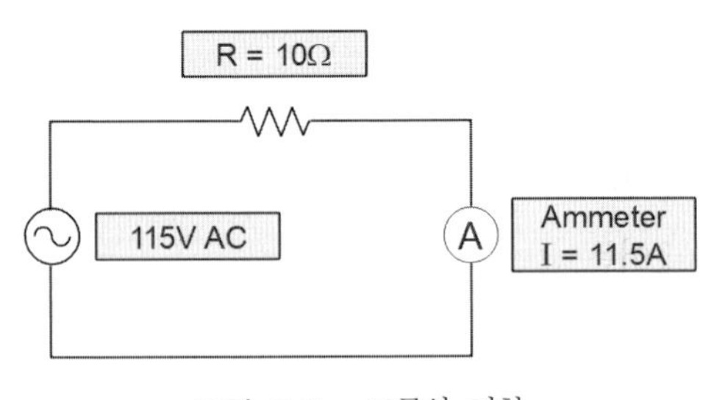

그림 2-11. 교류와 저항

유도 리액턴스(inductive reactance): 전선의 코일을 통과하여 자석이 이동할 때, 전압이 코일에 유도된다. 완성 회로가 이루어졌을 때에도 전류가 유도될 것이다. 유도전압(induced voltage)의 크기는 코일에 대한 자기장의 변화율에 정비례한다. 결론적으로 전선의 코일을 통과하여 흐르는 전류는 자기장을 만들어 낸다. 이 전선이 코일로 형성되었을 때, 그것은 기본적인 인덕터가 된다. 코일의 일차효과는 코일을 통과하여 전류에서 어떤 변화에 저항하는 속성이다. 이 속성은 유도용량(inductance)이라고 부른다. 전류가 어떤 도선을 통과하여 흐를 때, 자기장은 전선의 중심으로부터 확장되기 시작한다. 자력선이 도선을 통과하여 바깥쪽 방향으로 나아갈 때, 도선 자체에 기전력을 유도한다. 유도전압은 항상 전류 흐름의 방향의 반대 방향이다. 이 역기전력(countering emf)의 효과는 현재 전류의 흐름을 방해하는 것이다. 이 효과는 일시적인 현상이다. 전류가 도선에서 안정된 값에 도달하는 경우, 자력선은 더 이상 확장하지 않을 것이고 역기전력 또한 더 이상 나타나지 않을 것이다. 교류는 값이 끊임없이 변화하고 있기 때문에, 순환하여 반복하는 유도용량은 항상 인가전압에 반대이다. 유도용량을 측정하는 단위가 henry(H)라는 것에 주목해야 한다. 다음은 유도용량에 영향을 미치는 물리인자이다.

① **코일의 감은 수**: 동일한 양의 전류가 흐를 때, 코일의 감은 수를 2배로 하면 전계는 2배로 강하게 일어난다. 일반적으로 유도용량은 감은 수의 제곱으로 변화한다.

② **코일의 단면적**: 코일의 유도용량은 중심의 단면적이 증가하면 즉시 증가한다. 코일의 반경을 2배로 하면 4배만큼 유도용량을 증가시킨다.

③ **코일의 길이**: 동일한 권회수를 유지하면서 코일의 길이를 2배로 하면, 유도용량은 1/2로 줄어든다.

④ **코어 재료**: 코일은 자성체 또는 비자성체에 감겨져 있다. 비자성체는 공기, 구리, 플라스틱, 유리 등이다. 자성체는 자력선에 대해 좋은 경로를 마련하고 더 강한 자기장을 일으키는 물체로 니켈, 철, 강, 또는 코발트 등이 있다.

교류는 상수 상태가 변화하기 때문에, 인덕터 내에서 자기장 또한 지속적으로 변화하는 유도전압과 유도전류를 만들어 낸다. 이 유도전압은 인가전압을 방해하는 역기전력으로 알려져 있다. 이 방해를 유도 리액턴스라고 부르며, X_L 기호로 나타내었고, 옴(ohm)으로 측정된다. 인덕터의 이런 특성은 또한 회로의 전압과 전류 사이에 위상변이를 만들어 낸다. 유도 리액턴스에 의해 만들어진 위상변이는 항상 전압으로 하여금 전류를 앞서게 한다. 즉, 유도성 회로(inductive circuit)의 전압은 전류가 최고값에 도달하기 전에 전압의 최고값에 도달한다.

유도용량은 전류의 변화를 반대하는 회로의 성질이며, henry 단위로 측정된다. 유도 리액턴스는 회로에 얼마나 많은 역기전력이 인가전류에 반대하는지의 척도이다. 유도 리액턴스는 구성요소의 유도용량과 회로의 인가주파수에 정비례한다. 유도용량이나 인가주파수가 증가하면 유도 리액턴스는 마찬가지로 증가하고 회로에서 전류를 더 방해한다. 관계는 다음과 같다. X_L은 회로의 유도 리액턴스, 단위는 ohm이고, f는 주파수이며 단위는 [cycle/sec]이다. 그리고 $\pi=3.1416$이다. 그림 2-12에서, 교류 직렬회로(AC series circuit)는 유도용량 0.146 [H], 주파수 60 [Hz]에 전압은 110 [V]를 보여준다. 유도 리액턴스는 다음 방법에 의해 결정된다.

$$\begin{aligned} X_L &= 2\pi f L \\ &= 2 \times 3.14 \times 60 \times 0.146 \\ &= 55\Omega \end{aligned}$$

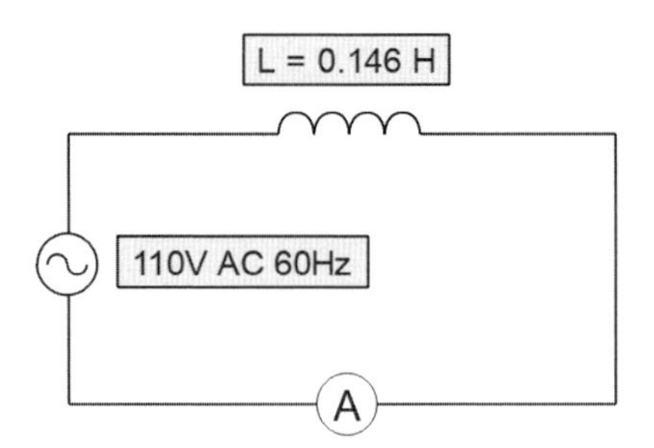

그림 2-12. 인덕턴스를 포함하는 교류

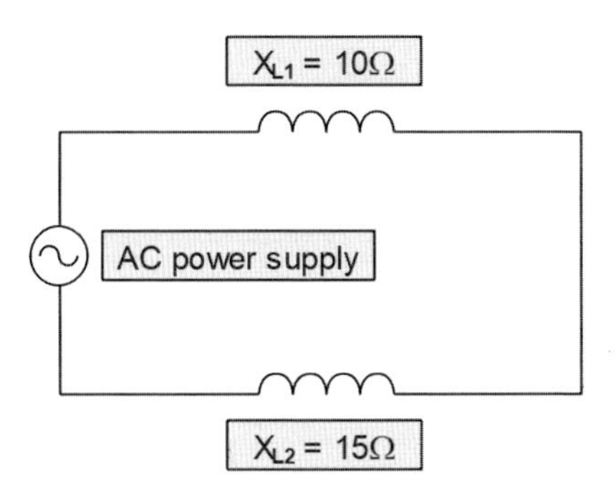

그림 2-13. 교류 직렬회로에서의 인덕턴스

그림 2-13과 같이 교류 직렬회로에서 유도 리액턴스는 직류회로에서 직렬로 저항과 같이 추가되었다. 회로에서 전체 리액턴스는 각각의 유도저항의 합과 같다.

$$X_L = X_{L1} + X_{L2} = 10 + 15 = 25\,\Omega$$

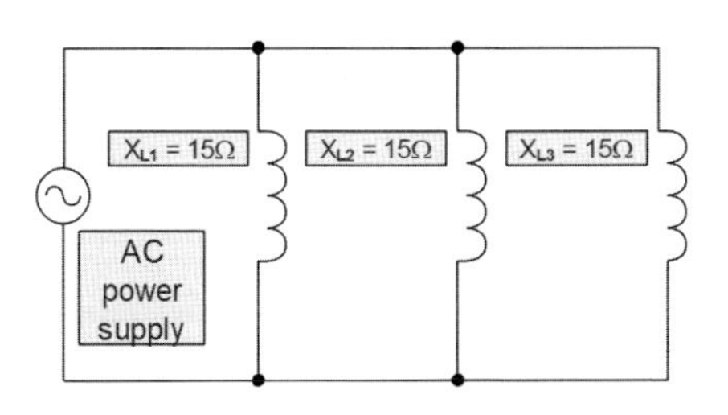

그림 2-14. 교류에서 인덕턴스의 병렬연결

그림 2-14와 같이, 병렬로 연결된 인덕터의 전체 유도저항은 병렬회로(parallel circuit)에서의 전체 저항과 동일한 방법으로 구한다. 그러므로 병렬로 연결된 유도용량의 전체 유도저항은 다음과 같다.

$$X_{LT} = \frac{1}{\frac{1}{X_{L1}} + \frac{1}{X_{L2}} + \frac{1}{X_{L3}}}$$

$$= \frac{1}{\frac{1}{15} + \frac{1}{15} + \frac{1}{15}}$$

$$= 5\Omega$$

용량 리액턴스(capacitive reactance): 정전용량(capacitance)은 전하(electric charge)를 잡아두는 물체이다. 일반적으로 커패시터는 절연체로서 격리된 2개의 평행판으로 이루어진다. 절연체는 일반적으로 유전체(dielectric)라고 부른다. 커패시터의 판은 전압원에 의해 충전되었을 때 전자를 저장하는 능력을 갖고 있다. 커패시터는 인가전압이 더 이상 존재하지 않을 때 방전되고 전류 경로에 연결된다. 전기회로에서 커패시터는 전기를 위한 저장소 또는 창고로서 역할을 한다. 정전용량의 기본 단위는 패럿(farad)이며, F로 표시된다. 1 [F]는 커패시터의 판에 걸쳐 1 [V]로 저장된 1 [C]의 전하이다. 1 [F]는 많은 양의 정전용량이며, 실제 전자공학에서는 이보다 더 작은 단위가 사용된다. 그 단위는 10^{-6}[F]인 microfarad[μF]과 10^{-12}[F]인 picofarad[μF]이다. 정전용량은 커패시터의 물리적 성질이다.

(1) 평행판의 정전용량은 판의 면적에 정비례한다. 판의 면적이 클수록 더 큰 정전용량을 만들어 내고, 판의 면적이 작을수록 더 적

은 정전용량을 만들어 낸다. 만약 판의 면적을 2배로 한다면, 2배로 많은 전하를 위한 공간이 있는 것이다.

(2) 평행판의 정전용량은 판 사이의 거리에 반비례한다.

(3) 유전체는 평행판의 정전용량에 영향을 준다. 진공에서 유전율(dielectric constant)은 1이고, 공기는 1에 아주 가깝다. 다른 재료들은 모두 공기(또는 진공)에 비교하여 특정한 값을 갖는다.

그림 2-15와 같이 교류가 회로에 가해졌을 때, 판의 전하는 끊임없이 변화한다.

$$X=1/2\ \pi fC$$

$$X_C = \frac{1}{2\pi fC} = \frac{1}{2 \times 3.14 \times 400 \times 0.000080} = 4.97[\Omega]$$

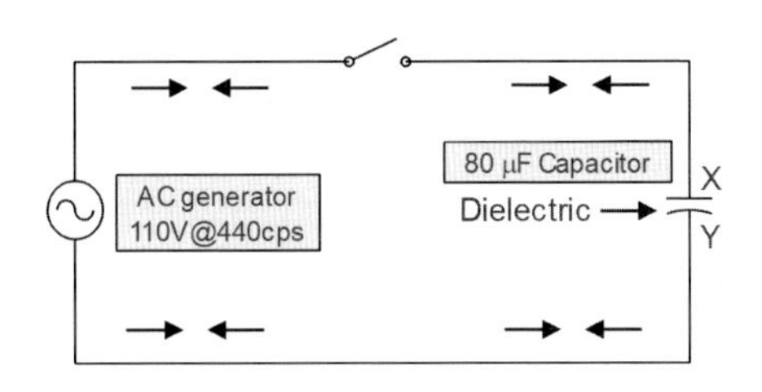

그림 2-15. 교류회로의 용량성 리액턴스

이것은 전기가 처음에 Y에서 X로 돌아서 시계 방향으로 흐르고, 그 다음에는 X에서 Y로 돌아서 반시계 방향으로, 다시 Y에서 X로 돌아서 시계 방향으로 흐르는 것을 계속한다. 비록 전류가 커패시터의 판 사이에 절연체를 통해 흐르지 않더라도, 전류는 X와 Y 사이에 나머지 회로에서 끊임없이 흐른다. 이 전류가 커패시터를 왔다갔다 교류할 때 시간 지연이 발생한다. 커패시터가 저항을 통해 충전하거나 또는 방전할 때, 완전 충전 또는 완전 방전을 위해 어느 정도의 시간이 요구된다. 커패시터에 걸린 전압은 순간적으로 변화하지 않는다. 충전 또는 방전의 비율은 회로의 시상수(time constant)에 따라 결정된다.

충전율 또는 방전율은 용량 리액턴스이고, 교류회로에서 전류 흐름에 방해를 일으킨다. 용량 리액턴스는 X_C로 나타내고 옴(ohm)으로 측정된다. 커패시터의 이런 특성은 회로의 전압과 전류 사이에 위상변이를 일으킨다. 용량 리액턴스에 의해서 발생된 위상변이는 항상 전류로 하여금 전압을 앞서게 한다. 즉, 용량성 회로(capacitive circuit)의 전류는 전압이 최고값에 도달하기 전에 최고값에 도달한다. 용량 리액턴스는 용량성 회로가 얼마나 많이 인가전류 흐름에 저항하는지에 대한 척도이다. 회로의 용량 리액턴스는 회로의 정전용량과 회로의 인가주파수에 반비례한다. 정전용량 또는 인가주파수 중 어느 것 하나가 증가하면, 반대로 용량 리액턴스는 감소한다. 이 관계는 다음과 같이 주어진다. 여기에서 X_C는 용량 리액턴스, f는 cps[cycle/second]로 나타낸 주파수, C는 farad으로 나타낸 정전용량이다.

$$X_C = 1/2\pi fC$$

그림 2-15에서 인가전압이 110 [V], 400 [cps]이고, 콘덴서의 정전용량이 80 [μF]인 직렬회로를 보여준다. 용량 리액턴스와 흐르는 전류를 구한다. 용량 리액턴스를 구하기 위하여 다음 방정식을 이용한다. 먼저 정전용량, 80 [μF]을 80을 1,000,000으로 나누어 farad으로 고친다. 그 이유는 1,000,000 [μF]이 1 [F]이기 때문이다. 0.000080 [F]을 식에 대입하면 정확하게 계산하기 위해서는 저항과 함께 유도용량과 정전용량의 영향이 고려되어야 한다. 임피던스는 옴(ohm)으로 측정된다.

직류회로에 대한 법칙과 방정식은 회로에 유도용량과 정전용량이 없고 단지 저항만이 있을 때에만 교류회로에 적용한다. 직렬회로와 병렬회로 모두 회로가 저항으로만 구성되어 있다면, 임피던스의 값은 저항과 같고, 교류회로에 대한 옴의 법칙, I=E/Z는 실제로 직류회로와 같다. 그림 2-16에서는 110 [V] 전원이 연결된 11 [Ω]의 저항으로서의 발열체를 포함하는 직렬회로를 보여준다. 만약 110 [V] 교류가 가해진다면, 전류 흐름은 얼마인지 알아보자.

$$I = \frac{E}{R} = \frac{110\,V}{11\,\Omega} = 10\,A$$

임피던스(impedance): 교류회로에서 전류 흐름의 전체 방해를 임피던스라고

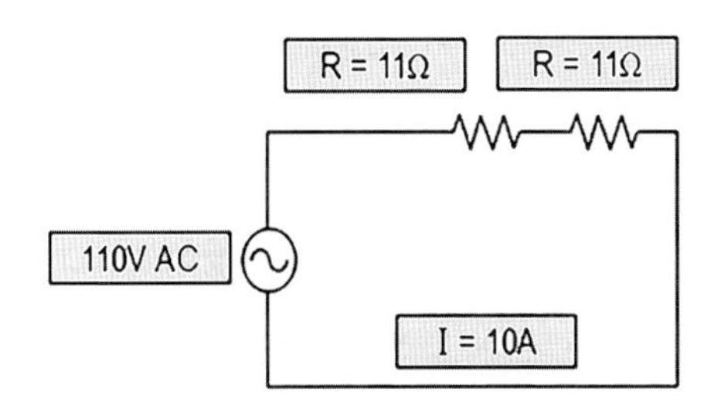

그림 2-16. 교류에서 직렬 저항 연결

부르고, Z로 표시한다. 저항, 유도 리액턴스, 그리고 용량 리액턴스의 합을 교류회로에서 임피던스라 한다. 교류회로에서 전압과 전류를 정확하게 계산하기 위해서는 저항과 함께 유도용량과 정전용량의 영향이 고려되어야 한다. 임피던스는 옴(ohm)으로 측정된다.

직류회로에 대한 법칙과 방정식은 회로에 유도용량과 정전용량이 없어지고 단지 저항만이 있을 때에만 교류회로에 적용한다. 직렬회로와 병렬회로 모두 회로가 저항만으로 구성되어 있다면, 임피던스의 값은 저항과 같고 교류회로에 대한 옴의 법칙 $I = E/Z$는 실제로 직류회로와 같다. 그림 2-17에서 전원 110 V가 저항 11 Ω 이 저항으로 발열체를 포함하는 직렬회로를 보여준다.

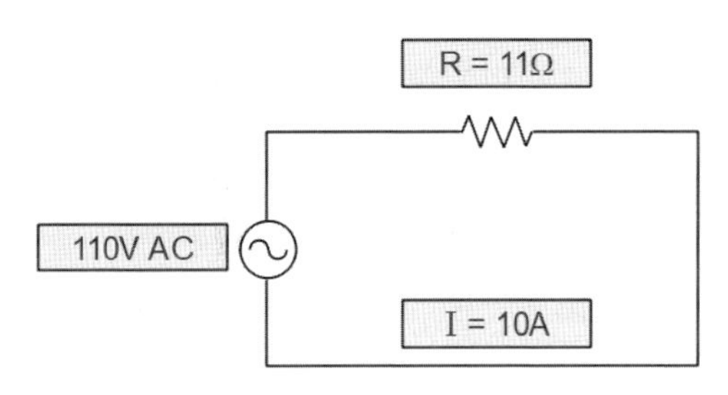

그림 2-17. 직류 및 교류회로 적용

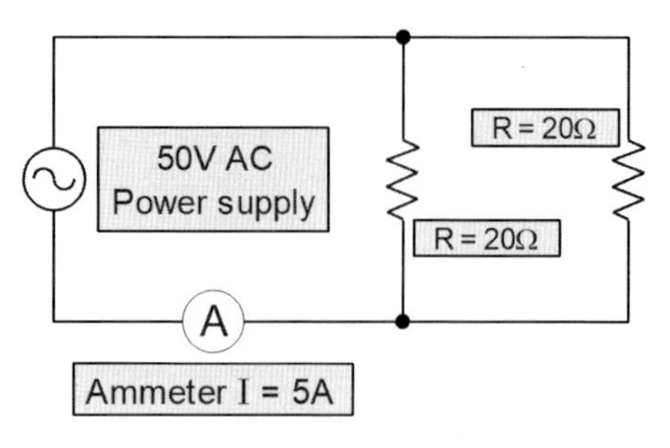

그림 2-18. 교류에서 2개의 병렬저항

그림 2-18과 같이 교류전압에 병렬로 연결된 2개의 저항값이 있다면, 임피던스는 회로의 전체 저항과 같다. 만약 그것이 직류회로라면 동일하게 취급하여 계산한다.

$$X_{LT} = \frac{1}{\frac{1}{R_1} + \frac{1}{R_2}} = \frac{1}{\frac{1}{20} + \frac{1}{20}} = 10\,\Omega$$

$$I = \frac{V}{Z} = \frac{50}{5} = 5\,A$$

이것은 순수한 저항회로이기 때문에 RT = Z, 즉 저항 = 임피던스이다. ZT = RT = 10 [Ω] 방정식을 이용하여 회로에 흐르는 전류를 구해본다. 임피던스는 교류회로에서 흐르는 전류의 전체 방해량이다. 만약 회로가 유도용량 또는 정전용량을 갖고 있다면, 임피던스(Z)를 구하기 위해 저항(R), 유도 리액턴스(X_L), 그리고 용량 리액턴스(X_C)를 모두 고려해야 한다.

이 경우에 Z는 RT와 같지 않다. 저항과 유도 리액턴스 또는 용량 리액턴스는 직접 합할 수 없지만, 저항과 유도저항은 서로에 직각으로 작용하는 두 가지 힘으로 생각할 수 있다. 그러므로 그림 2-19와 같이 저항, 유도저항, 그리고 임피던스 사이의 관계는 직각삼각형으로 설명할 수 있다. 이 세 가지 직각삼각형의 변에 관계되기 때문에, 임피던스를 구하는 공식은 피타고라스

(Pythagorean) 정리를 이용하여 구할 수 있다. 빗변의 제곱은 다른 두 변의 제곱을 더한 것과 같다. 그러므로 다른 두 변을 알 때 직각삼각형의 나머지 한 변의 값을 구할 수 있다. 그림 2-19와 같이 직렬교류회로가 저항과 유도용량을 포함하고 있다면 양변 사이의 관계는 $Z^2 = R^2 + (X_L - X_C)^2$으로, 주어진 방정식의 양변의 제곱근을 구하면 $Z = \sqrt{R^2 + (X_L - X_C)^2}$이 된다. 유도리액턴스와 용량 리액턴스 모두를 포함하는 회로에서 유도저항은 합쳐질 수 있지만 회로 내에서 유도저항의 결과는 정확하게 정반대의 것이기 때문에 항상 큰 값에서 작은 값을 빼야 한다.

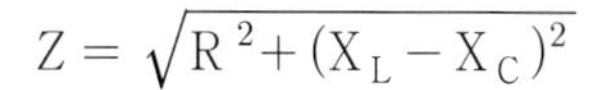

$$Z = \sqrt{R^2 + (X_L - X_C)^2}$$

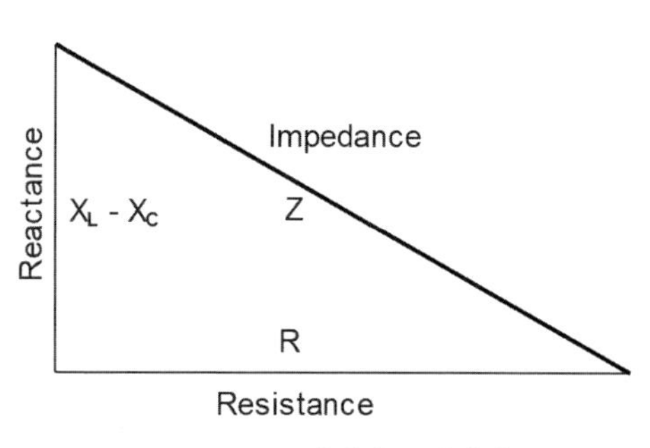

그림 2-19. 임피던스 삼각형

2.2. 항공 전자

2.2.1. 다이오드 반도체

반도체(semiconductor)는 전기 전도도가 도체와 부도체의 중간 정도의 특성을 가지고 있다. 특별한 조건에서만(열이나 불순물을 혼합) 전기가 통하는 정도가 달라지는 물질로, 필요에 따라 전류를 조절하는 데 사용된다. 저마늄(Ge), 규소(Si, 실리콘) 등이 대표적인 반도체이며, 이들의 순수 결정체에서는 전류가 흐르지 않아 진성 반도체라고 한다. 하지만 특정 불순물 붕소(B)나인(P) 등을 첨가(도핑)함으로써 전기 전도도를 조절하여 전류가 흐를 수 있는 반도체 성질을 갖게 되는데, 이를 불순물 반도체라고 한다.

진성 반도체에 붕소(B) 같은 13족 원소를 첨가하면 전자가 부족하게 되어 정공으로 이루어진 p형 반도체가 되고, 인(P) 같은 15족 원소를 첨가하면 잉여전자가 발생하여 n형 반도체가 된다. 반도체의 종류에는 다이오드, 트렌지스터, IC(집적회로) 등이 있으며, 이들을 반도체 소자라고 부른다.

다이오드(diode): n형 반도체와 p형 반도체를 붙여놓으면, p형 반도체에서 n형 반도체 방향으로는 전류가 잘 흐르며 반대 방향으로는 거의 흐르지 않는 정류작용이 일어나게 되고, 이러한 소자를 다이오드라고 한다. 여기서 p는 양극(+)으로 애노드(anode), n은 음극(−)으로 캐소드(cathode)이다.

① **정류 다이오드**(rectifier diode): 회로의 전류를 한쪽 방향으로만 흐르도록 한다. 즉, 반대 방향으로 전류가 흐르는 것을 막는 역할을 하며 이를 정류 작용이라고 한다. AC에서 DC로 변환한다.

② **제너 다이오드**(Zener diode): 기준 전압이나 역전압을 얻기 위해 사용되며, 보통 역방향으로 전압을 걸어 사용한다.

③ **발광 다이오드**(light emitting diode, LED): 전류가 흐를 때 빛을 발생시키는 다이오드이다.

④ **포토 다이오드**(photo diode): PN 접합에 빛이 비춰지면 전압이 발생하는 다이오드로, 빛의 변화에 따라 전압도 달라지는 광 검출 특성을 응용하여 광센서로 사용된다.

⑤ **가변용량 다이오드**(variable capacitance diode): 바리캡 다이오드라고도 하며, 역방향 바이어스 전압이 증가하면 커패시턴스가 감소하고, 역방향 바이어스 전압이 감소하면 커패시턴스가 증가하는 특성을 가진다.

⑥ **터널 다이오드**(tunnel diode): 항복효과가 없는 다이오드로, 순방향으로 약간의 전압만 가해도 전류가 흐르고, 일정 전압 이상의 전압을 가하면 전류가 감소하는 부저항 특성을 지닌다.

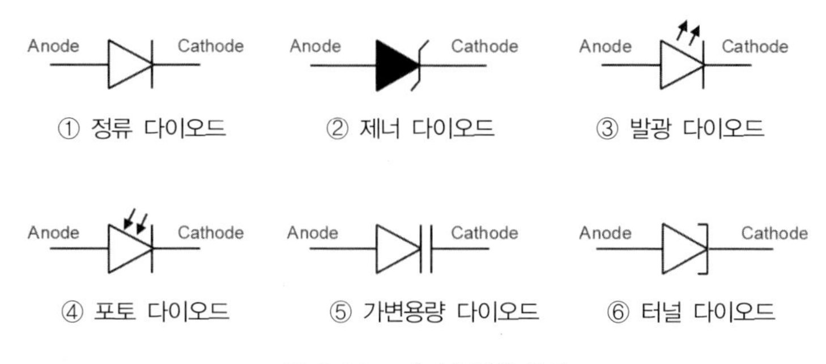

그림 2-20. 다이오드의 종류

2.2.2. 트랜지스터(transistor, TR)

트랜스퍼(transfer)와 레지스터(resistor)의 합성어로 전환저항기라는 의미를 가지고 있다. 에미터(emitter), 베이스(base), 컬렉터(collector)의 세 단자를 가지고 있다. 그 한 단자의 전압 또는 전류에 의해 다른 두 단자 사이에 흐르는 전류 또는 전압을 제어하여 증폭작용과 스위치 역할을 하는 소자이다. 트랜지스터는 NPN(+전원 영역)과 PNP(−전원 영역)의 두 종류로 나뉘며, 바이폴라 트랜지스터는 베이스에 흐르는 전류의 변화에 따라 컬렉터의 전류량이 크게 변하여 증폭 작용을 한다.

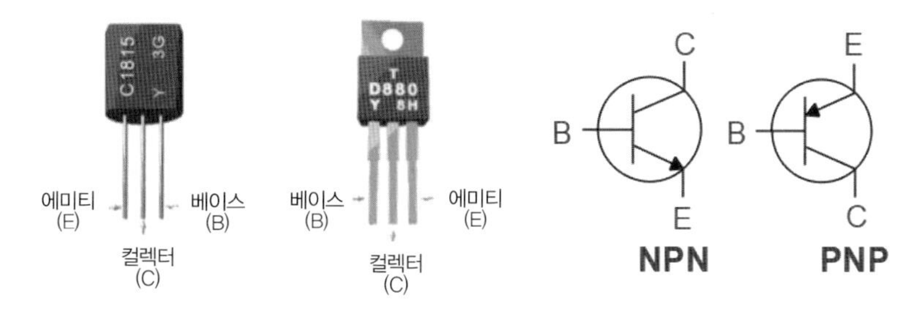

그림 2-21. 트랜지스터

디지털 테스터기로 TR의 EBC를 찾아본다. TR은 E(emitter, 에미터), B(base, 베이스), C(collector, 컬렉터) 이렇게 3개의 다리를 갖고 있는데, 이 3개의 다리 EBC를 찾는 방법을 알아보기로 하자. 아날로그 테스터기로 TR의 EBC를 찾는 법은 많이 나와 있고, 테스터기에서 지원하기도 한다. 디지털 테스터기로 TR의 EBC를 찾는 방법을 찾아 여기에 정리하면 다음과 같다. 먼저 TR의 내부는 다음과 같이 다이오드로 구성되어 있다고 생각하면 된다.

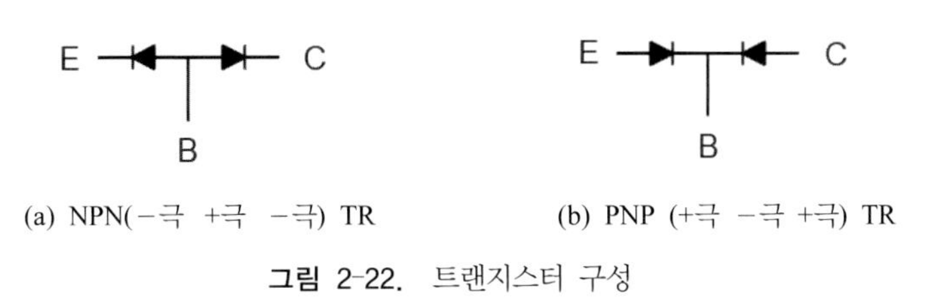

(a) NPN(−극 +극 −극) TR (b) PNP (+극 −극 +극) TR

그림 2-22. 트랜지스터 구성

이제 NPN TR인지 PNP TR인지 확인해 보려면 테스터기의 빨간색 봉을 기준으로하고 빨간색 봉을 TR의 3개의 다리 중 1번에, 검은색 봉을 2번에 대고 측정한다. 저항값이 측정이 되면 검은색 봉을 3번에 대고 측정한다. 저항값이 측정되면 1번 다리는 베이스(B)이다. 또한 이 TR은 공통이 빨간색 봉이므로 NPN TR이다. 위와 같이 측정하여 공통이 되는 곳은 베이스이고, 공통의 색상이 빨간색이면 NPN TR, 검은색이면 PNP TR이다. 즉, 베이스와 에미터 그리고 베이스와 컬렉터를 측정하면 각각 저항값이 측정된다. 다시 정리를 하면, TR의 다리 중에서 임의로 1, 2, 3이라 칭하고, 저항값이 측정이 되는 공통 다리를 찾는다. 예를 들어 1−2, 1−3 측정과 같이 1번 다리를 공통으로 하고, 1과 2 및 1과 3을 측정했을 때 두 번 모두 저항이 측정되어야 한다. 두 번 모두 저항이 측정이 되지 않으면, 2번이나 3번을 공통으로 잡고 측정을 하면 된다. 또한 공통을 측정하는 리드봉 색상을 바꾸어 측정해도 된다.

EBC를 찾아보면 다음과 같다. 에미터, 베이스, 컬렉터를 찾는 방법은 아주 간단하다. 에미터와 베이스의 저항값이 컬렉터와 베이스 간의 저항값보다 크기 때문이다. 여기서 $R_{EB} > R_{CB}$의 관계가 성립한다.

물론 PNP TR과 NPN TR은 측정할 때 리드봉 색상에 주의하여 측정해야 한다. PNP 공통(베이스)에 검은색, NPN 공통(베이스)에 빨간색 핀을 연결하여, 공통이 빨간색이면 NPN 저항값이 큰 쪽이 에미터이다. 트랜지스터(TR) 극성을 구분하는 방법은 다음과 같다. 베이스 전극을 찾는 법으로 ① 테스터를 R 100 또는 R 1000의 범위로 하고, 임의의 리드봉을 트랜지스터의 핀에 댄 다음 남은 테스터의 리드봉을 트랜지스터의 나머지 두 핀에 각각 대어본다. ② 이때 순방향을 지시하는 상태(저항값이 0 Ω 부근의 작은 상태)에서 NPN형 트랜지스터이면 검은색 리드봉이 닿은 쪽이 베이스 전극이고, PNP형 트랜지스터이면 빨간색 리드봉이 닿은 핀이 베이스 전극이다.

컬렉터 전극을 찾는 법은 다음과 같다. 테스터를 R 10000 범위로 하고 나머지 두 핀의 저항값을 번갈아 측정하여 순방향 지시 상태로 했을 때, NPN 형이면 빨간색 리드봉이 닿은 쪽이 컬렉터 전극이며, PNP형이면 검은색 리드봉이 닿은 핀이 컬렉터가 된다. 위의 측정에서 남는 핀이 에미터이다.

그림 2-23은 NPN형 트랜지스터의 기호를 보여 준다. 오른쪽이 기호이며, NPN형은 2SC, 2SD로 시작하는 TR이다. 베이스를 기점으로 화살표가 밖으로 향해 있다. 즉 그림처럼 베이스를 "−"로 하여 양쪽으로 "+" 다이오드가 있다고 기억하면 되겠다. 테스트는 다이오드 시험방법과 동일하다. 베이스에 검은색 테스터 리드봉을 놓았을 때만 저항이 표시된다.

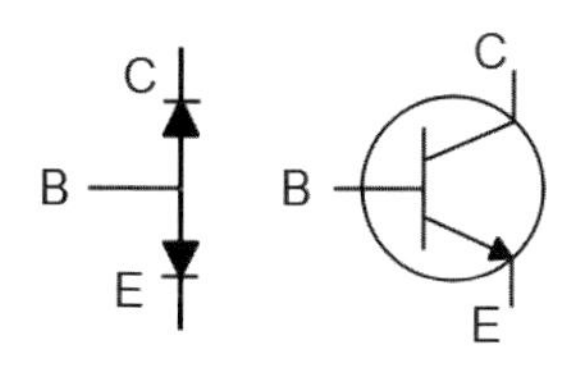

그림 2-23. 트랜지스터 양부 판별법(NPN)

그림 2-24는 PNP형 트랜지스터이다. 오른쪽이 기호이며, PNP형은 2SA, 2SB로 시작하는 TR이다. 베이스를 기점으로 화살표가 안으로 향해 있다. 즉 그림처럼 베이스를 "+"로 하여 양쪽으로 "−" 다이오드가 있다고 기억하면 되겠다. 테스트는 다이오드 체크 방법과 동일하게 베이스에 빨간색 테스터 리드봉을 놓았을 때만 저항이 표시된다.

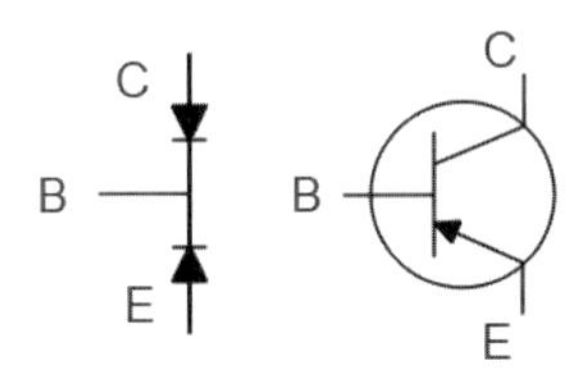

그림 2-24. 트랜지스터 양부 판별법(PNP)

TR을 점검하는 방법으로 저항 측정법은 NPN인 2SC945로 예를 들면, 베이스와 컬렉터 사이는 저항값이 적게 나오고 베이스와 에미터 사이는 저항값이 상대적으로 크게 나온다. 역방향은 당연히 무한대가 되는데, 이 결과에서 컬렉터와 에미터의 구별이 가능하게 해준다. 다이오드 측정 기능으로 전압을 측정하는 방법은 베이스와 컬렉터 사이는 전압이 적게 나오고 베이스와 에미터 사이는 전압이 상대적으로 크게 나온다. 역방향은 전압이 나타나지 않는다. 이 결과에서 컬렉터와 에미터의 구별이 가능하게 해준다. PNP에서도 같은 방법으로 측정하는데, 극성만 반대로 측정한다.

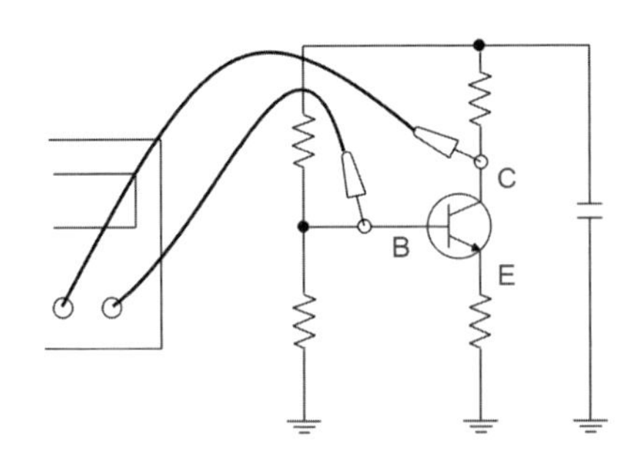

그림 2-25. 트랜지스터 양부 판별법(PNP) 연결

2.3. 항공 전자 소자와 기호

직류와 교류에 대하여 직류(direct current)는 시간의 흐름에 따라 전압과 전류가 일정한 값을 유지하고, 전류의 이동 방향이 일정한 전류로서 DC로 표시한다. 여기서 길이가 긴 쪽이 양극(+), 짧은 쪽이 음극(−)을 나타낸다.

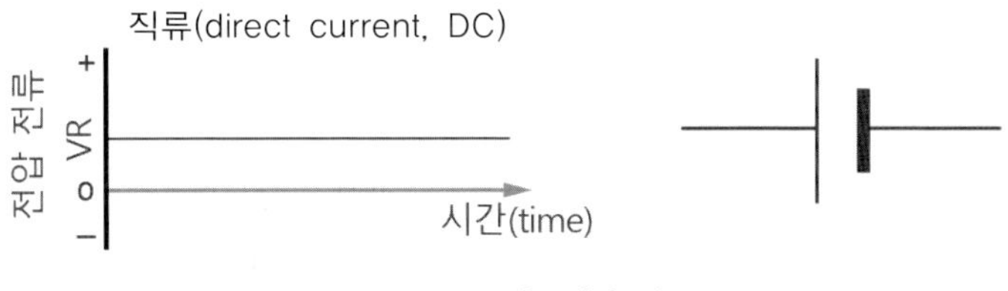

그림 2-26. 직류전압 기호

교류[정현파](alternating current)는 시간에 따라 크기와 방향이 주기적으로 변하는 전류로, 주기적으로 전압, 전류, 극성의 방향이 바뀐다. 기호는 AC로 표시하며, 교류의 1회 파형 변화를 1사이클이라고 하고, 1사이클을 완료하는 데 필요한 시간을 주기라고 한다. 또 1초 동안 반복되는 사이클 수를 주파수라고 하고, 단위는 Hz로 표시한다.

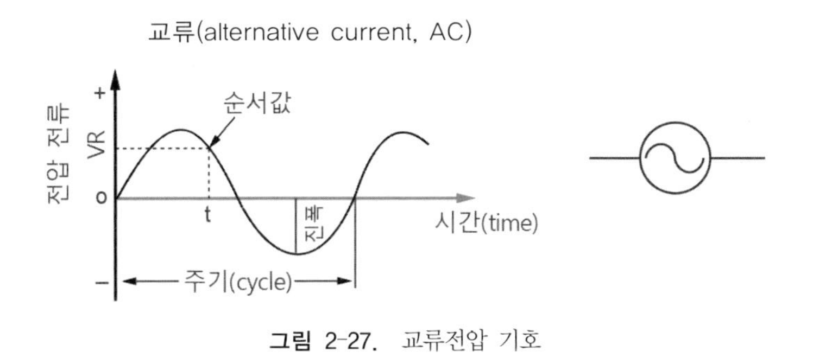

그림 2-27. 교류전압 기호

전류, 전압, 저항에 대하여 전류의 기호는 I 및 단위는 A(암페어)이며, 도체 내에서 단위 시간당 흐르는 전하량으로서 다음과 같이 표현된다.

$$I(\text{전류}) = \frac{Q(\text{전하})}{t(\text{시간})}$$

전압의 기호는 V이고 단위는 V(볼트)이며, 도체 내에 있는 두 점 사이의 단위 전하당 전기적인 위치에너지(전위) 차이로서 다음과 같이 표현된다.

$$V(\text{전압}) = \frac{W(\text{전력})}{Q(\text{전하})}$$

저항은 기호는 R이고 및 단위는 Ω(옴)으로 표시되며, 도선 속을 흐르는 전하의 흐름을 방해하는 정도로서 다음과 같이 표현된다.

$$R(\text{저항}) = \rho(\text{비저항})\frac{l(\text{길이})}{A(\text{단면적})}$$

옴의 법칙(Ohm's law)은 전압, 전류, 저항 사이의 관계를 설명하는 법칙으로 전류의 세기는 두 점 사이의 전위차에 비례하고, 전기저항에 반비례한다는 법칙이다.

전력(electric power)은 단위 시간 동안 전기장치에 공급되는 전기에너지, 또는 단위 시간 동안 다른 형태의 에너지로 변환되는 전기에너지를 말한다.

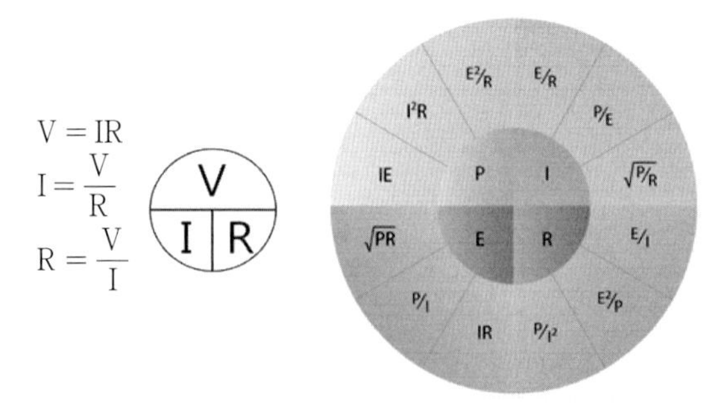

그림 2-28. 전압, 전류, 저항의 관계

다음의 식으로 표현된다.

$$P = VI = I^2R = \frac{V^2}{R} [W]$$

전력량(electric energy)은 일정 시간 동안 공급되는 전기에너지의 총량을 말한다. 다음의 식으로 표현된다.

$$W = P \times t [Wh]$$

도선(conductor)은 전기가 흐를 수 있는 금속선으로서 금속의 전기 전도율은 Ag(은) > Cu(구리) > Au[Pt](금)[백금] > Al(알루미늄) > Mg(마그네슘) > Zn(아연) > Ni(니켈) > Fe(철) > Pb(납) > Sb(안티몬) 순으로 특성이 있다. 도선의 연결 장치는

① 케이블 터미널로서 전선의 한쪽만 접속을 하게끔 되어 있고, 연결 시 전선의 재질과 동일한 것을 사용해야 하며, 전선 규격에 맞는 터미널을 사용해야 한다.

② 스플라이스는 양쪽 모두 전선과 접속시킬 수 있으며, 바깥면에는 절연물로 절연되어 있는 금속 튜브가 있는데, 이것은 전선다발의 지름이 변하지 않도록 하기 위해 엇갈리게 장착해야 한다.

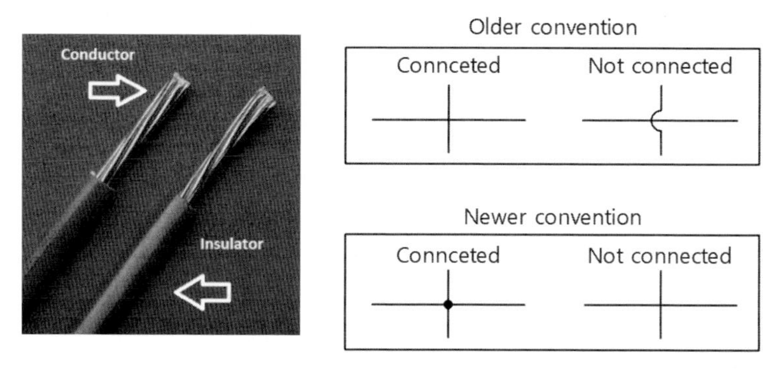

그림 2-29. 도선의 연결 표식

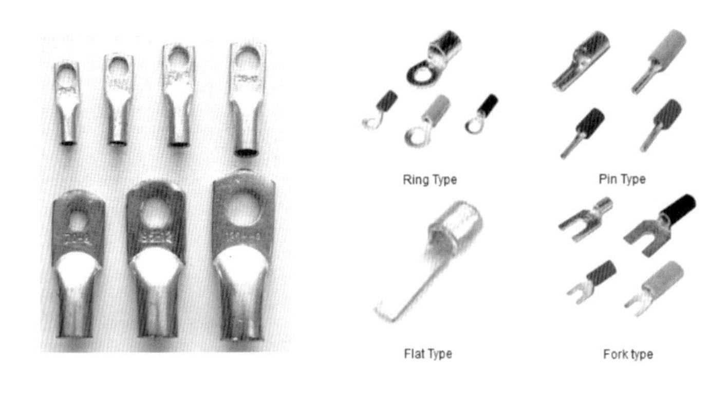

그림 2-30. 전선의 터미널

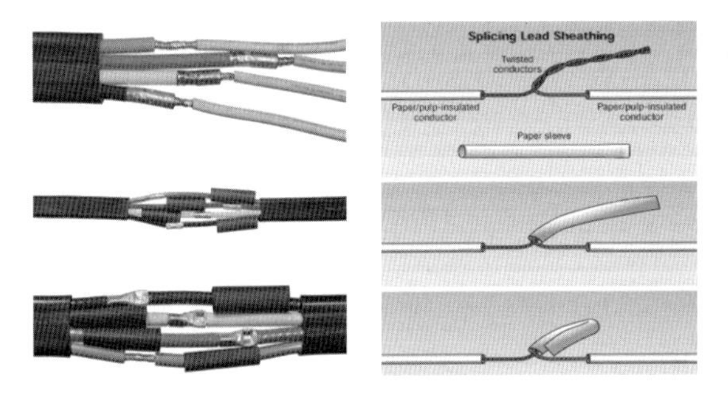

그림 2-31. 전선의 연결 스플라이스

③ 커넥터는 전기회로나 장비 등을 쉽고 빠르게 장·탈착할 수 있도록 만들어진 것으로, 수분 침투로 인해 커넥터 내부에 부식이 생기는 것을 방지하기 위해 방수용 젤리로 코팅하거나 특수 방수처리를 해야 한다. 항공기 전기전자 커넥터는 전선 연결로 인하여 전자기장의 영향이 다른 기기에 미치지 않도록 규정하는 전자기 적합성(electromagnetic compatibility, EMC)을 충족해야 한다.

전기전자 회로 보호 장치에 대하여 퓨즈(fuse) 전선에 규정값 이상의 과도한 전류가 녹아 끊어지도록 함으로써 회로에 흐르는 전류를 차단한다. 이는

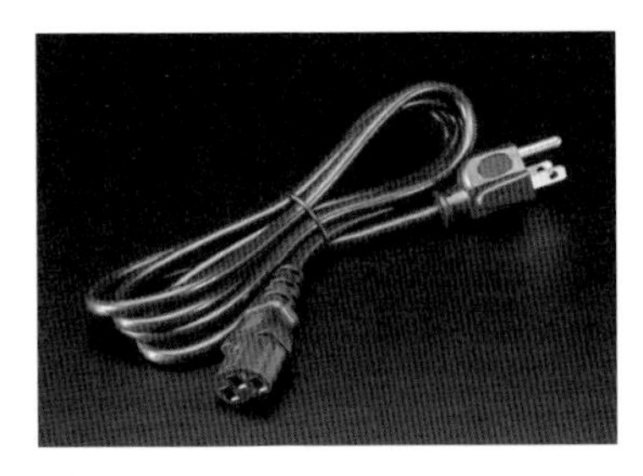

그림 2-32. 전선의 연결선

재사용이 불가능하다. 재질은 주석과 비스무트이며, 항공기 내에는 규정된 수의 50%에 해당하는 예비 퓨즈를 비치하여야 한다.

전류 차단기(current limiter)는 비교적 높은 전류를 짧은 시간 동안 허용할 수 있게 한 구리로 만든 퓨즈의 일종으로 재사용이 불가능하다.

회로 차단기(circuit breaker)는 전선에 규정값 이상의 과도한 전류가 흐를 때 회로를 열어 주어 전류의 흐름을 막는 장치이다. 퓨즈 대신 많이 사용되

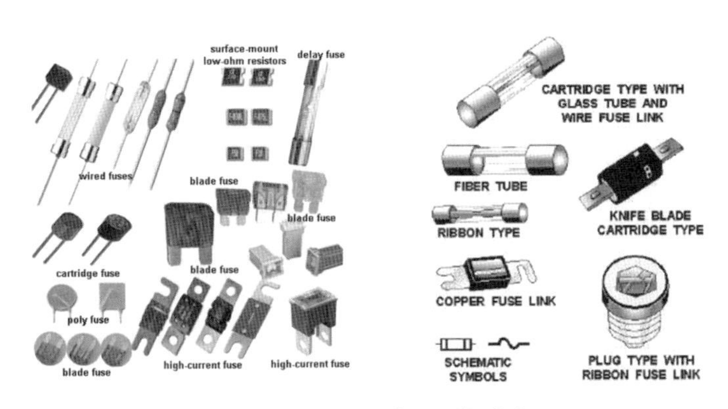

그림 2-33. 퓨즈의 종류와 형상

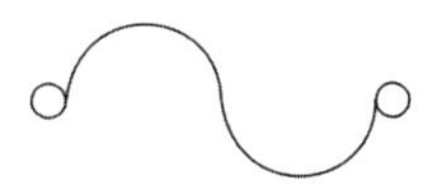

그림 2-34. 전류 차단기의 기호(fuse and current limiter symbol)

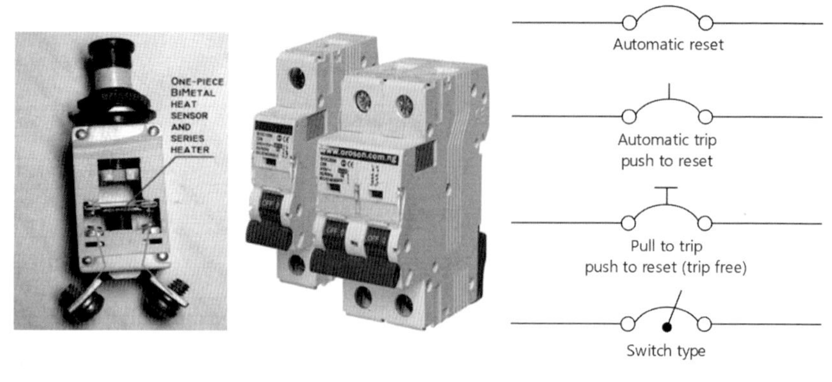

그림 2-35. 회로 차단기

며, 재사용이 가능하다.

열 보호 장치(thermal protector)는 열 스위치(thermal switch)라고도 하며, 전동기와 같이 과부하로 인하여 기기가 과열되면 자동으로 공급전류가 끊어지도록 하는 스위치이다.

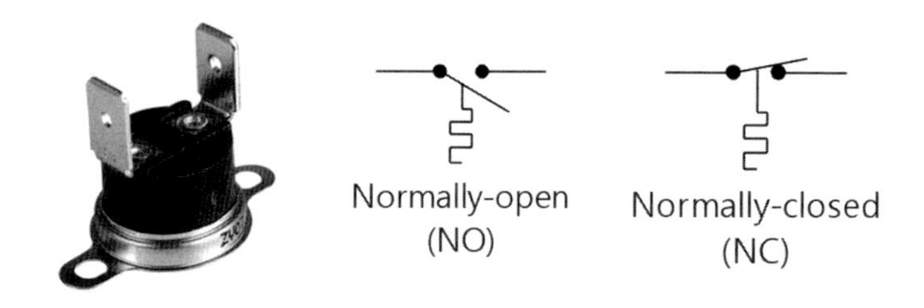

그림 2-36. 열 보호 장치

제어장치에 대하여 스위치는 다양한 종류가 있다.

2.3.1. 스위치

① 토글 스위치(toggle switch)

스냅 스위치라고도 하며, 개폐 조작을 하면 스프링이 그 동작을 가속시키는 구조로 되어 있다. 항공기에 가장 많이 쓰이는 스위치로 SPST, SPDT, DPST, DPDT 등이 있다.

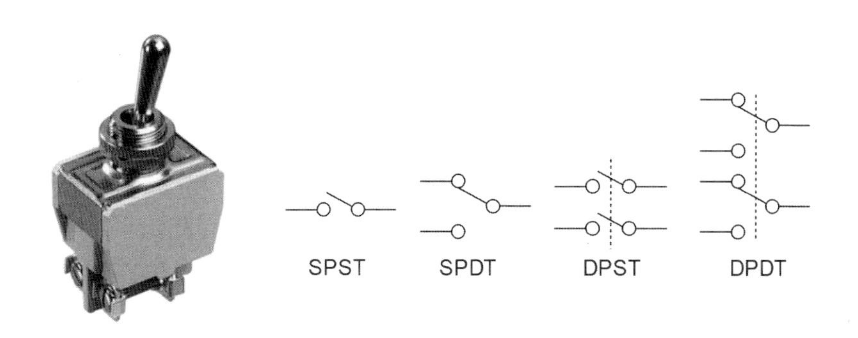

그림 2-37. 토글 스위치

② 푸시버튼 스위치(push button switch)

버튼을 눌러 회로의 접속 또는 차단을 하는 스위치이며, 누름단추 스위치라고도 한다. 항공기 계기 패널에 많이 사용하며 조종사가 식별하기 쉽도록 되어 있다

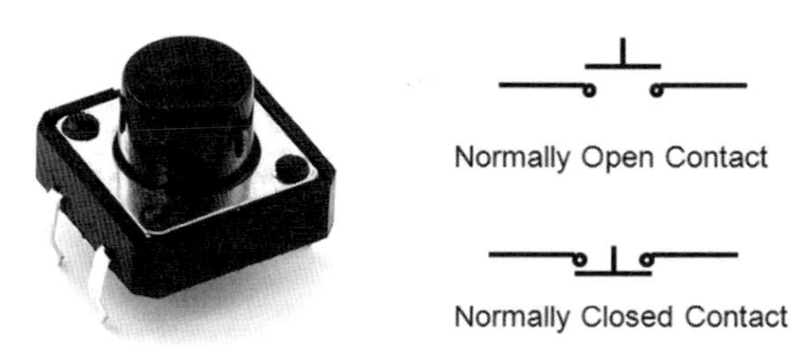

그림 2-38. 푸시버튼 스위치

③ **마이크로 스위치**(micro switch)

리미트 스위치라고도 하며, 아주 작은 움직임으로 회로를 개방하거나 또는 접속시킬 수 있다. 항공기에서는 착륙장치, 플랩 등을 작동시키는 전동기의 작동을 제한하는 데 사용된다.

④ **회전 선택 스위치**(rotary selector switch)

원주 모양으로 배치된 접점상에 와이퍼를 회전시킴으로써 원하는 접점을 선택하여 전류를 개폐하는 스냅 스위치의 일종으로, 여러 개의 스위치 역할을 한번에 담당한다.

계전기(relay)는 전기 접점을 개폐하여 동일 또는 다른 회로에 접속된 장치를 작동시키는 기능을 한다. 적은 양의 전류가 큰 양의 전류를 제어할 수 있는 장치로, 제어할 부분과 가장 가까운 전원 또는 버스 사이에 장착한다.

저항기(resistor)는 전자기기 또는 전자회로 내에서 전류에 의한 전압 강하를 이용하여 회로를 동작시키기 위한 소자로서 일반적으로 저항이라고 부르며, 그 용도에 따라 고정 저항기, 가변 저항기로 구분하여 사용한다.

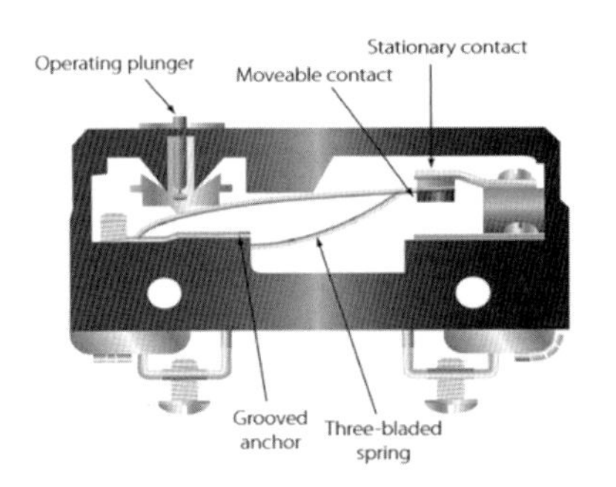

Normally Open	Normally Closed
Held Closed	Held Open

그림 2-39. 계전기

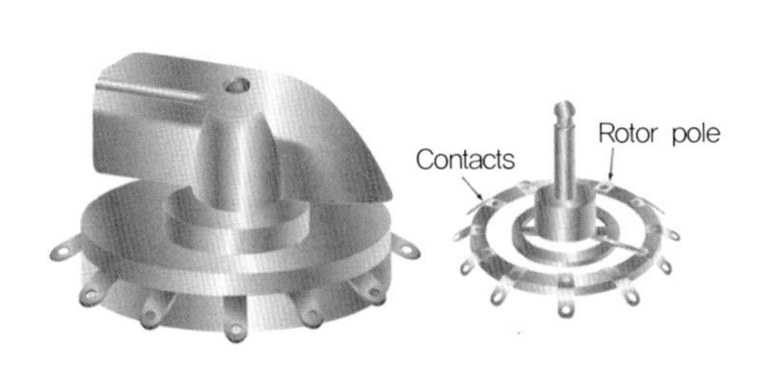

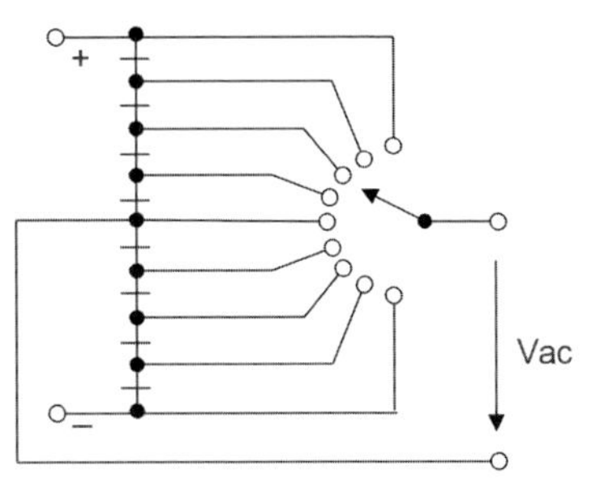

그림 2-40. 로터리 스위치

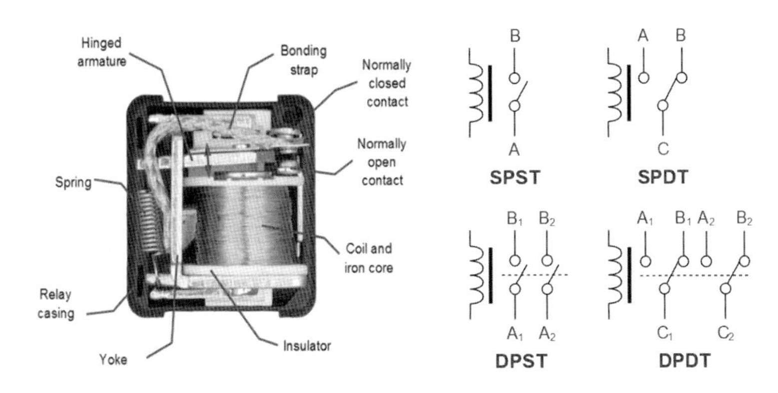

그림 2-41. 저항기와 스위치

① 고정 저항기

저항값이 설정되어 있는 것으로, 그 종류로는 카본 저항기(탄소필름 저항기), 권선 저항기, 금속필름 저항기, 어레이 저항기 등이 있으며 기호(symbol)는 다음과 같다.

탄소필름 저항기(carbon film resistor)는 자기막대 파이프의 외부에 탄소(카본)의 얇은 필름을 입히고 필름의 보호와 절연을 위해 전면에 도료가 칠해져 있는 구조로, 비용이 저렴하여 가장 많이 이용된다. 하지만 저항값이 주변 환경에 의해 변화가 많아 정밀회로에서는 사용되지 않는다. 왼쪽부터 저항기에 표기된 값을 읽는다.

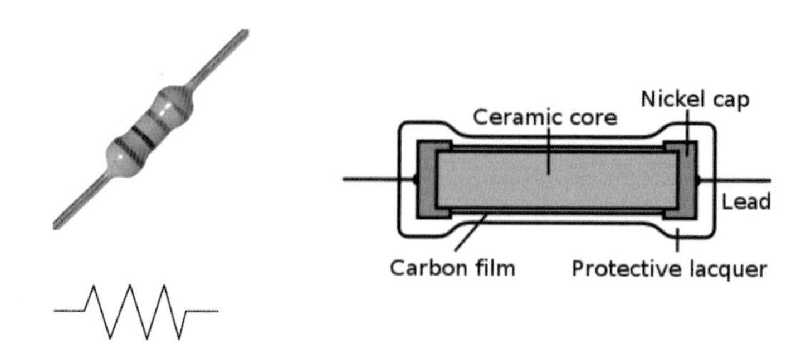

그림 2-42. 저항기 특성과 표기

제4색띠 : 저항값의 오차표시
제3색띠 : 셋째 수
(곱하는수,0의 갯수)
제2색띠 : 둘째 수
제1색띠 : 첫째 수

제1색띠	제2색띠	제3색띠	저항오차	
1) 주황	주황	적색	금색	
3	3	100	±5%	-> 3300Ω = 3.3kΩ, 오차±5%
2) 갈색	흑색	금색	금색	
1	0	0.1	±5%	-> 1Ω, 오차±5%
3) 노랑	보라	노랑	금색	
4	7	10000	±5%	-> 470000Ω = 470kΩ, 오차±5%

색 상 COLOR	저항환산표			
	첫째 수	둘째 수	셋째 수(곱하는 수)	오차표시
검 정(흑색)	0	0	1	
밤 색(갈색)	1	1	10	
빨 강(적색)	2	2	100	
주황색(동색)	3	3	1000	
노 랑(황색)	4	4	10000	
초록색(녹색)	5	5	100000	
파랑색(청색)	6	6	1000000	
보라색(자색)	7	7	10000000	
회 색(회색)	8	8	100000000	
흰 색(백색)	9	9	1000000000	
금 색			0.1	± 5%
은 색			0.01	± 10%
무 색				± 20%

그림 2-43. 저항기 표기와 읽기

금속필름 저항기(metallic film resistor)는 자기막대 파이프의 외부에 금속의 얇은 필름을 입히고 필름 보호와 절연을 위해 전면에 도료가 칠해져 있는 구조로 되어 있으며, 저항값이 주변 환경에 의해 변화가 적어 정밀급 저항으로 사용된다.

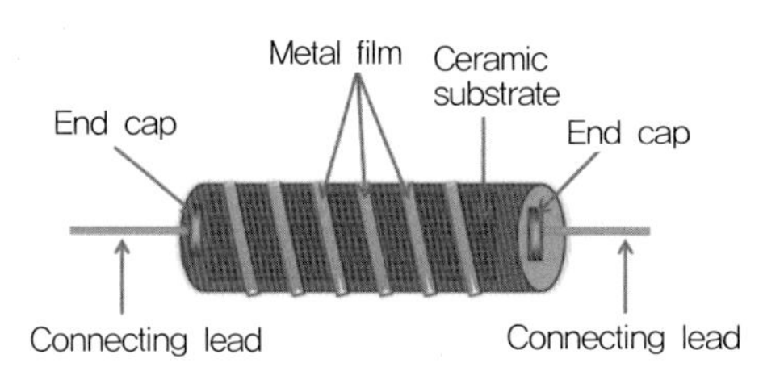

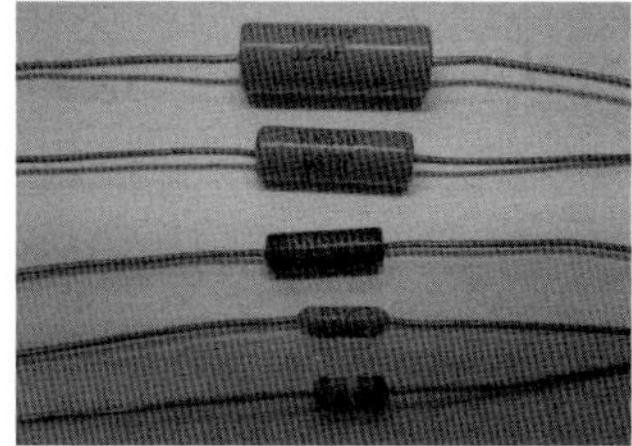

그림 2-44. 금속필름 저항기

권선 저항기(wire wound resistor)는 자기나 합성수지 등의 절연물 위에 저항선을 감고 그 위에 절연도료를 칠한 구조로 되어 있으며, 소모 전력이 크거나 정밀한 회로에 사용이 가능하나 권선 간의 분포 용량 때문에 고주파용으로는 부적당하다.

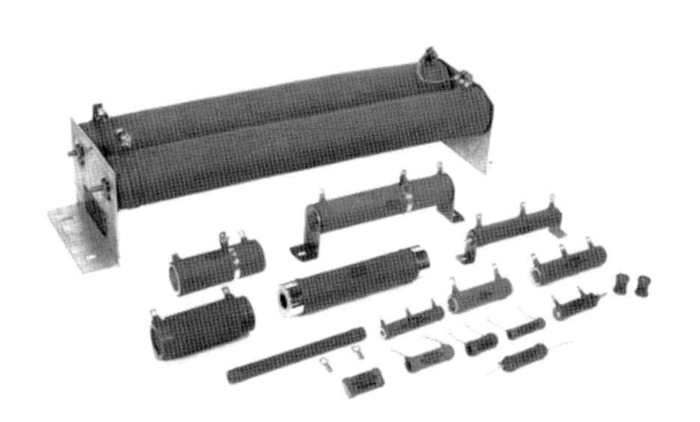

그림 2-45. 권선 저항기

어레이 저항기(array resistor)는 네트워크 저항기라고도 하며, 동일한 저항값의 저항기를 대량으로 사용하는 경우에 사용된다. 여러 개의 저항 소자를 하나의 패키지로 나열하여 접속하고 절연도료를 입힌 형태로 되어 있다.

가변 저항기는 저항값에 의한 전압 강하나 전류 등을 분배할 때 사용하는 것으로, 저항 위를 섭동함으로써 저항값이 변하게 된다. 3개의 단자가 있는 구조로 되어 있으며, 최대의 저항값이 숫자로 표시되어 있다.

가감 저항기(rheostat)는 전류 조절이 목적인 가변 저항기로서, 연결하는 단자가 2개이며 전원과 직렬로 연결하여 사용한다.

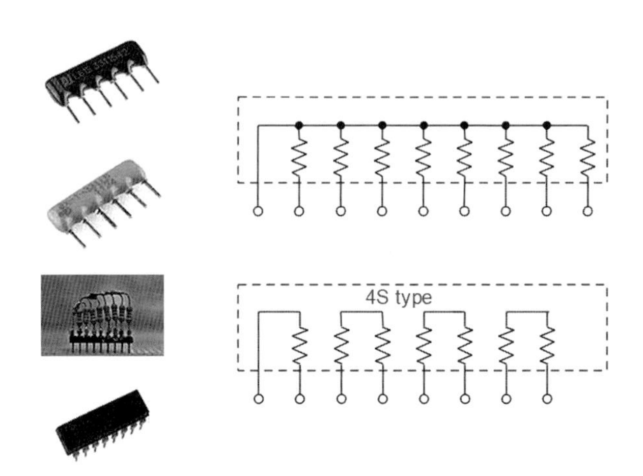

그림 2-46. 가감 저항기

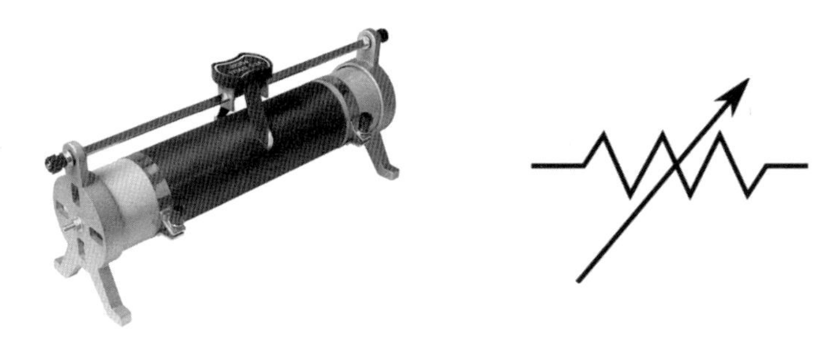

그림 2-47. 가변 저항기

전위차계(potentiometer)는 전압 조절이 목적인 가변 저항기로서, 연결하는 단자가 3개이며 전원과 병렬로 연결하여 사용한다.

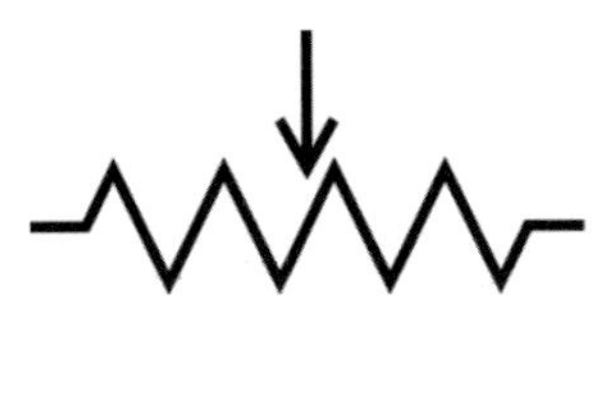

그림 2-48. 전위차계

서미스터(thermistor)는 전기 저항이 온도에 따라 변하는 반도체 회로소자로, 온도가 오르면 저항값이 떨어지는 NTC(negative temperature coefficient thermistor), 온도가 올라가면 저항값이 올라가는 PTC(positive temperature coefficient thermistor), 그리고 어떤 온도에서 저항값이 급변하는 CTR(critical temperature resistor)로 분류된다.

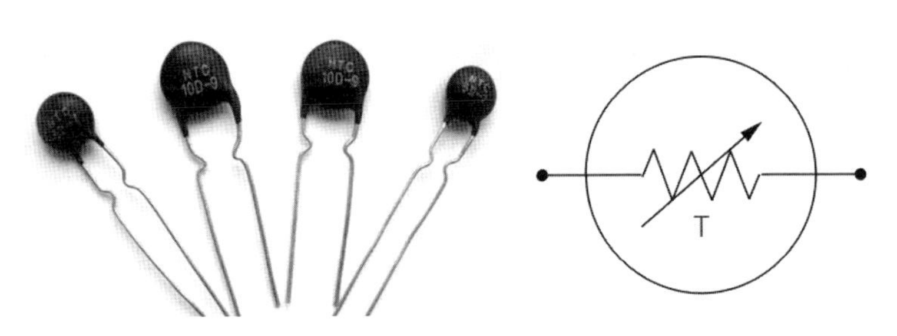

그림 2-49. 온도 저항기

광전도 셀(photoconductive cell)은 빛의 세기에 따라 저항값이 바뀌는 광전지로, 서미스터와 유사하게 부온도계수를 갖는다.

콘덴서(또는 capacitor)는 전하를 축전하는 장치로, 2장의 금속판을 마주 대고 사이에 유전체라는 절연물질을 끼워 넣은 형태로 되어 있다. 전극판으로는 알루미늄이나 주석이 사용되고 유전체로는 절연지, 공기, 기름, 운모 등을

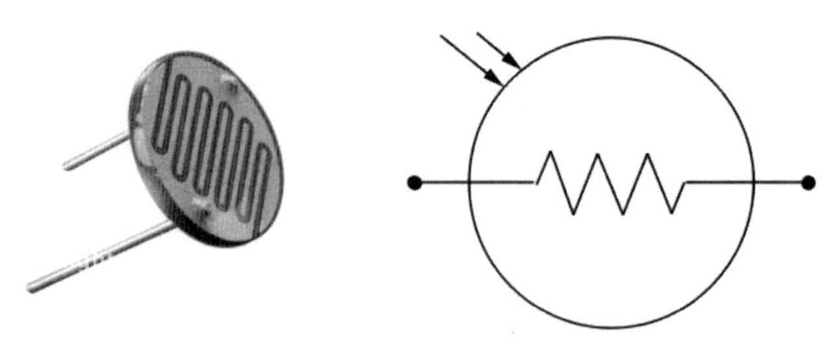

그림 2-50. 광전도 저항기

사용하는 구조로 되어 있다. 콘덴서는 직류는 흐르지 못하게 하지만 교류는 통하게 하며 용량이 클수록, 그리고 주파수가 높을수록 잘 통하게 된다. 종류에는 고정 콘덴서와 가변 콘덴서가 있다.

$$\text{C(콘덴서의 정전용량)} = \frac{\text{Q(콘덴서에 저장된 전하량)}}{\text{V(콘덴서에 걸린 전압)}} \text{ [F]}$$

직렬에서의 정전용량(커패시턴스): $\frac{1}{C_T} = \frac{1}{C_1} + \frac{1}{C_2} + \cdots + \frac{1}{C_n}$

병렬에서의 정전용량(커패시턴스): $C_T = C_1 + C_2 + \cdots + C_n$

콘덴서의 유도저항, 용량성 리액턴스: $X_C = \frac{1}{2\pi fC} = \frac{1}{wC}$

직렬에서의 용량성 리액턴스: $(X_C)_T = (X_C)_1 + (X_C)_2 + \cdots + (X_C)_n$

병렬에서의 용량성 리액턴스: $\frac{1}{(X_C)_T} = \frac{1}{(X_C)_1} + \frac{1}{(X_C)_2} + \cdots + \frac{1}{(X_C)_n}$

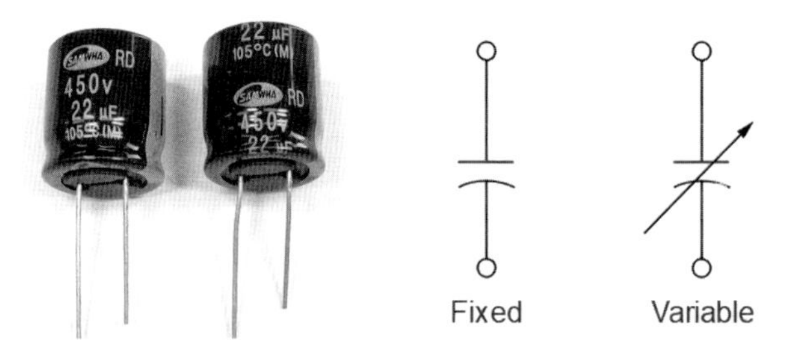

그림 2-51. 콘덴서와 기호

코일(또는 inductor)은 인덕턴스(도선이나 코일의 전기 전자적 성질)를 가지는 코일을 말하며, 교류에 대해 저항력을 가진 이 저항력을 유도 리액턴스라고 한다. 코일 간의 유도작용을 원리로 사용하며 권심(core)에 의해서 공심 코일, 자심 코일, 성층철심, 페라이트 등의 종류가 있으며, 용도에 따라서 동조 코일, 초크 코일, 발진 코일, 토랜스포머 등으로 분류된다.

$$L(\text{유도용량}) = \frac{N(\text{코일의 권수}) \cdot \phi(\text{자속})}{I(\text{전류})} \ [H]$$

직렬에서의 유도용량(인덕턴스): $L_T = L_1 + L_2 + \cdots + L_n$

병렬에서의 유도용량(인덕턴스): $\frac{1}{L_T} = \frac{1}{L_1} + \frac{1}{L_2} + \cdots + \frac{1}{L_n}$

코일의 유도저항, 유도성 리액턴스: $X_L = 2\pi fL = wL$

직렬에서의 유도성 리액턴스: $(X_L)_T = (X_L)_1 + (X_L)_2 + \cdots + (X_L)_n$

병렬에서의 유도성 리액턴스: $\frac{1}{(X_L)_T} = \frac{1}{(X_L)_1} + \frac{1}{(X_L)_2} + \cdots + \frac{1}{(X_L)_n}$

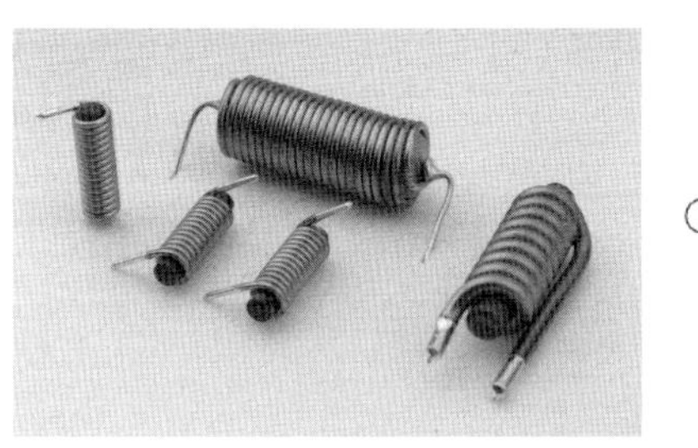

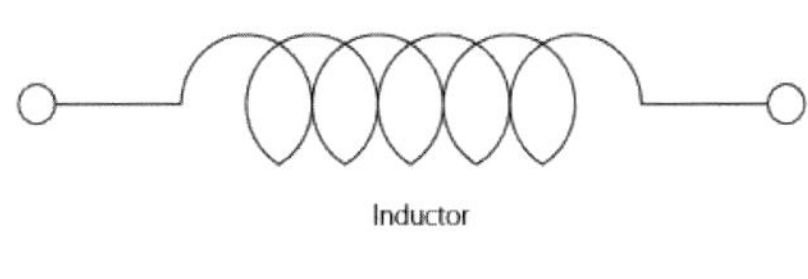

그림 2-52. 인덕터와 기호

Chapter

3

전기 소자의 계측 장비와 기호

3.1. 전류, 전압, 저항 계측

직류의 측정에는 다르송발(D'Arsonval)[가동 코일형] 계기를 이용한다.

① **직류 전류계**(ammeter): 직류 전류의 세기를 측정하는 기구로, 내부저항은 작고 회로에 직렬로 접속하여 계측한다. 션트저항[R_s]을 병렬로 연결하여 대부분의 전류를 션트 저항기로 흐르게 함으로써 전류계의 측정 범위를 확대시킨다.

$$R_{SM}(\text{션트저항}) = \frac{I_M(\text{계기감도}) \times R_M(\text{계기 내부저항})}{I_{SM}(\text{션트전류})}$$

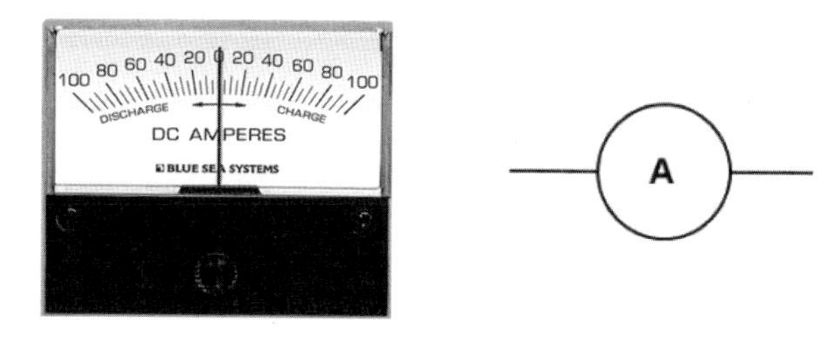

그림 3-1. 전류의 측정과 기호

② **직류 전압계**(voltmeter): 직류 전압의 크기를 측정하는 계기로, 직류 전류계와 동작 원리는 같으나 내부저항이 크고, 계기의 코일과 저항은 직렬로 연결하며, 회로에 병렬로 접속하여 계측한다.

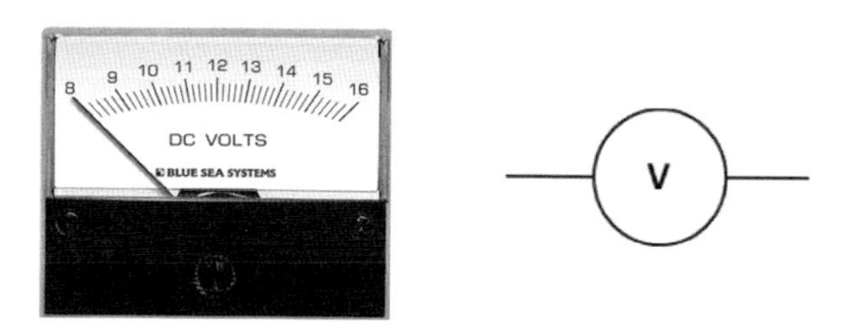

그림 3-2. 전압의 측정과 기호

③ **저항계**(Ohm meter): 회로 또는 회로 구성요소의 단선된 곳을 찾아내거나 저항값을 측정을 측정하는 계기이다. 전기장치의 절연상태를 검사할 때에는 메가옴미터를 사용한다.

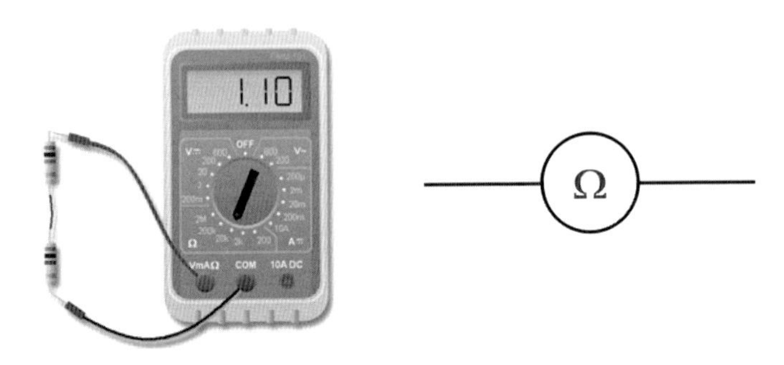

그림 3-3. 저항의 측정과 기호

④ **휘트스톤 브리지**(Wheatstone bridge): 저항을 보다 정밀하게 측정하기 위해 사용하며, 이미 알고 있는 저항값들을 이용하여 미지의 저항값을 정밀하게 측정한다.

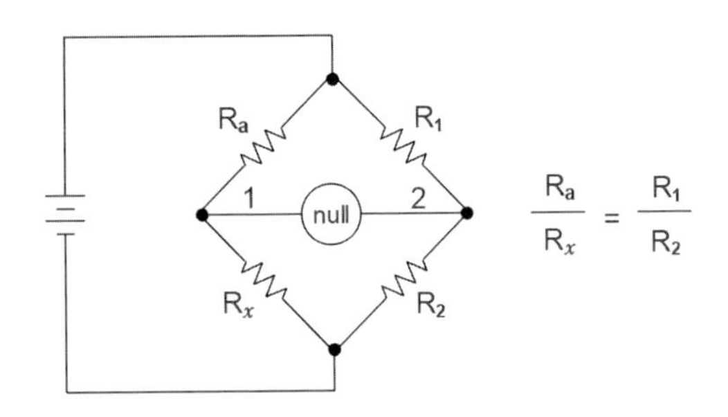

그림 3-4. 휘트스톤 브리지 원리

⑤ **멀티미터**(multimeter): 전류, 전압, 저항 등의 값을 하나의 기기로 측정할 수 있게 만든 기기로, 저항 측정, 직류전압 측정, 직류전류 측정,

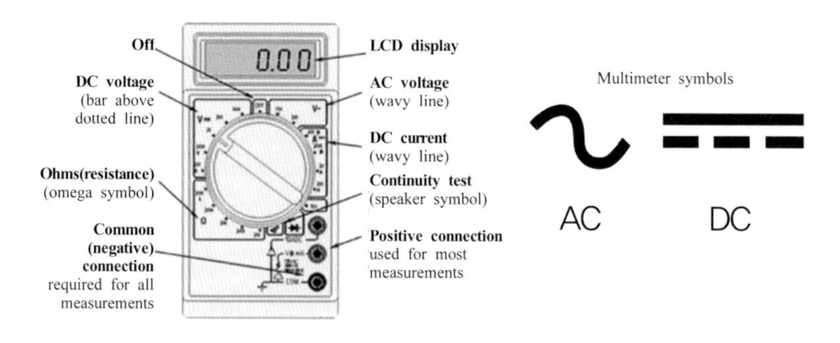

그림 3-5. 멀티미터와 직류 및 교류 측정

교류전압 측정, 인덕턴스 측정, 콘덴서 측정, 전압비 측정 등을 할 수 있다.

교류의 측정에는 전류력계형 계기를 사용하며, 전류, 전압, 저항을 측정한다.

① **교류 전류계**: 전류력계형 계기를 사용하여 유도성 션트 코일을 계자 코일과는 직렬, 운동 코일과는 병렬로 연결하여 전류를 측정한다.

② **교류 전압계**: 전류력계형 계기를 측정할 회로에 병렬로 연결하여 사용하며, 전압의 측정 범위를 보정하기 위하여 저항을 운동 코일 및 계자 코일과 직렬로 연결한다. 전압계는 전압의 실효값을 측정한다.

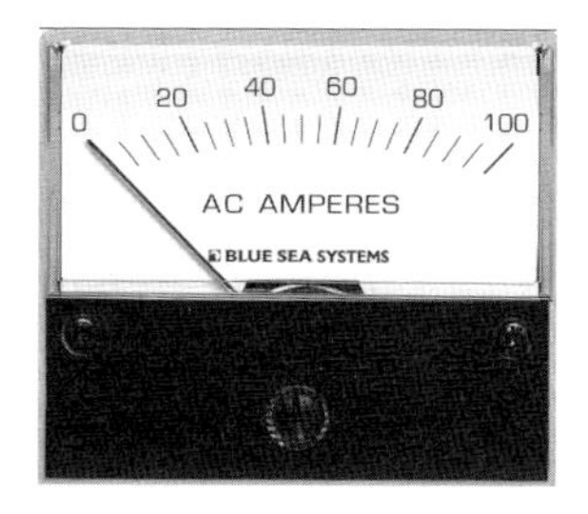

그림 3-6. 교류 전압 및 전류 측정

③ **전력계**(wattmeter): 전류와 전압의 곱으로 나타나는 전력(피상전력)을 측

정하며, 전류에 대한 코일과 전압에 대한 코일을 가진 전류력계형이 사용된다.

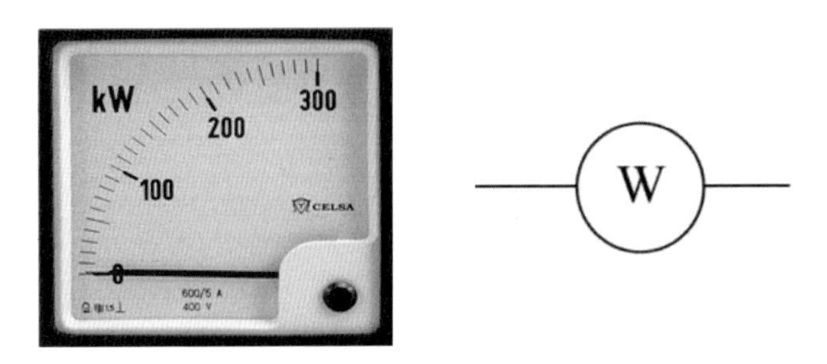

그림 3-7. 전력의 측정과 기호

④ **주파수계**(frequency meter): 항공기의 교류전기 장치들은 정해진 주파수에 작동하도록 설계되었으며, 교류 주파수가 규정보다 떨어지면 유도성 리액턴스가 감소하므로 과도한 전류가 흘러 과열의 위험이 있다. 따라서 주파수계를 사용해 주파수를 측정하며, 항공기에서는 진동편형을 가장 많이 사용한다.

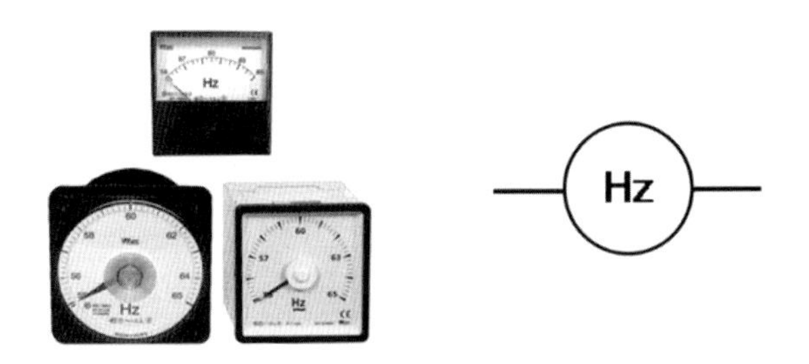

그림 3-8. 주파수 측정과 기호

⑤ **오실로스코프**(oscilloscope): 빠르게 진행되는 형상이나 과도현상의 관측 및 파형의 분석 등을 행하는 장치로, 시간에 대한 신호의 전압 변화(파형)를 나타내는 간단한 화상 기능을 가진 전압 측정기라고 할 수 있다.

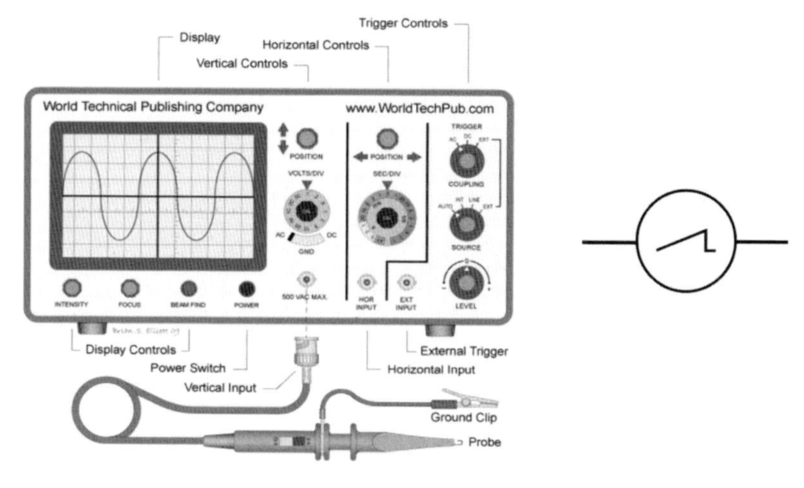

그림 3-9. 오실로스코프와 기호

계기용 변성기는 전압 또는 전류 계측 범위의 확장을 위해 사용되는 장치를 말한다.

① **변류기**(current transformer, CT): 큰 전류에서 일정한 비율의 작은 전류를 빼내어 계기나 계전기 등에 공급하기 위하여 사용되는 장치이다. 코일의 감은 수 비를 알고 2차 전류를 측정하면 계측하려는 1차 전류를 구할 수 있는 방식이다.

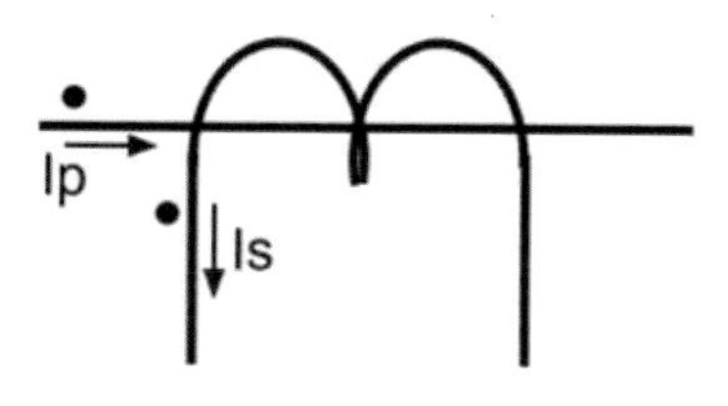

그림 3-10. 변류기 기호

② **변압기**(potential transformer, PT): 전압의 전기적 에너지를 다른 전압의 전기적 에너지를 바꾸어 주는 장치로, 전압을 올리거나 내려준다. 변압

기는 전기적으로 직접 연결되어 있지 않은 2개의 코일과 그 코일이 감겨져 있는 철심으로 구성된다.

$$코일의\ 감은\ 수\ 비:\ \frac{V_1}{V_2} = \frac{n_1}{n_2} = \frac{I_2}{I_1}$$

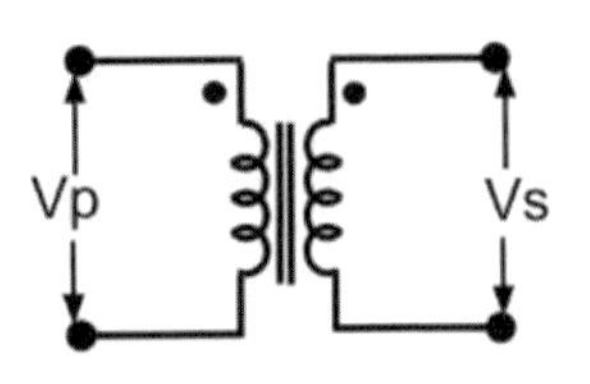

그림 3-11. 변압기

③ **변압변류기**(metering outfit, MOF): 변압기와 변류기를 한 개의 장치로 통합한 기기로, 고압의 전압과 전류를 저전압 저전류로 변성하는 장치이다.

3.2. 축전지

납산 축전지(lead acid battery): 묽은 황산(H_2SO_4)을 전해액으로 넣은 용기 속에 양극판과 음극판을 넣은 것으로, 양극판에는 과산화납(PbO_2)을, 음극판에는 해면상납(Pb)을 사용하는 전지이다. 셀당 전압은 2 V이고 축전지의 충

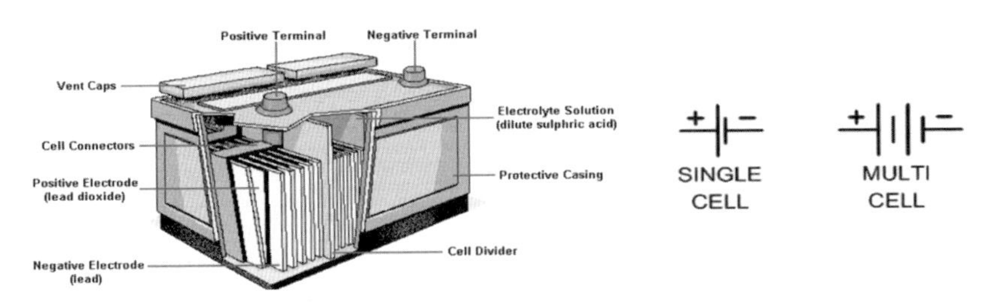

그림 3-12. 축전지와 기호

전, 방전 상태는 비중계로 비중을 점검하여 알 수 있다. 전해액 보충 시 증류수에 묽은 황산을 떨어뜨려 보충한다. 가격이 저렴하고 상온에서 화학 반응을 일으켜 폭발이 발생할 가능성이 작은 장점이 있으나, 사용 후 빠른 시간 내에 충전해야 하며 장시간 보관 시 반드시 충전 후 보관해야 하는 단점이 있다.

니켈-카드뮴 축전지: 양극판에 수산화니켈[$Ni(OH)_3$], 음극판에 카드뮴(Cd), 전해액에 30%의 묽은 수산화칼륨(KOH)을 사용한 알칼리 축전지의 일종으로 셀당 전압은 1.2 V이다. 축전지의 충전, 방전 상태는 전해액의 수위 변화를 측정하는 전압계를 사용하여 알 수 있다. 충전 시간이 짧고, 사용 온도 범위가 넓은 데다 장시간 방치나 과충전에 강해 수명이 긴 특징을 가지고 있으며, 재충전 시간이 짧고 신뢰성이 높아 항공기 시동에 사용된다. 축전지 용량은 Ah로 표시하고, 항공기 축전지에서는 5시간 방전율을 적용한다.

충전법

① **정전압 충전법**(항공기에 사용되는 충전법): 과충전에 대한 특별한 주의 없이 짧은 시간에 충전 완료가 가능하고, 축전지 여러 개를 동시에 충전하려면 용량에 관계없이 병렬로 연결한다.

② **정전류 충전법**: 여러 개를 동시에 충전하려면 전압에 관계없이 용량별로 직렬로 연결하여 충전하고 충전시간 예측이 가능하나, 소요시간이 길고 과충전되기 쉽다.

그림 3-13. 축전지와 셀 연결

3.3. 전기의 변환장치

항공기에서 사용하는 전기의 변환장치(converter)는 제어 정류기(rectifier)와 인버터(inverter)가 설계의 요구에 따라 다양하게 적용된다. 전기 변환장치의 기능은 정류기(AC를 DC로 변환), 교류전압제어기(AC를 AC로 변환)로서 사이클로 컨버터, 직류변환기(DC를 DC로 변환)로서 chopper 회로, 스위칭 레귤레이터 및 역변환기(DC를 AC로 변환)로서 인버터(inverter) 장치가 적용되고 있다.

정류기(rectifier): 교류전력에서 직류전력을 얻기 위해 정류작용에 중점을 두고 만들어진 전기적인 회로소자(回路素子) 또는 장치이다. 주기적으로 양과 음, 두 가지 방향으로 변화하는 교류전류를 한 가지 방향만 갖는 직류전류로 변환시키는 소자나 장치이다. 정류기는 순방향 저항은 작고 역방향 저항은 충분히 커서 한쪽 방향으로만 전류를 통과시키는 정류작용이 가능하다. 즉, 가해지는 전압의 방향에 따라 전류가 순조로이 잘 흐르는 순방향과 전류가 거의 흐르지 않는 역방향이 구별되는 특성을 말한다. 다이오드와 같은 소자 한 개로도 정류가 가능하지만 효과적인 정류를 위해서 보통 회로상에 여러 개의 소자를 특정하게 배열하여 사용한다. 한 방향으로만 전류를 통과시키는 기능을 가졌다. 대부분의 전원장치에서는 실리콘 다이오드가 사용되며 제어 정류기 응용 부분에서는 사이리스터(thyrister)가 광범위하게 사용된다.

인버터(inverter): 직류(DC)를 교류(AC)로 바꾸기 위한 전기적 장치이다. 적절한 변환 방법이나 스위칭 소자, 제어 회로를 통해 원하는 전압과 주파수를 얻는다. 교류전원으로 전환시켜 전력 변환 과정에서 주파수를 변화시킴으로써 모터의 회전 속도를 제어하여 출력을 제어하는 용도로 주로 사용된다. 일반적으로 항공기의 인버터는 주로 계기, 무선 레이더, 조명, 그리고 다른 부

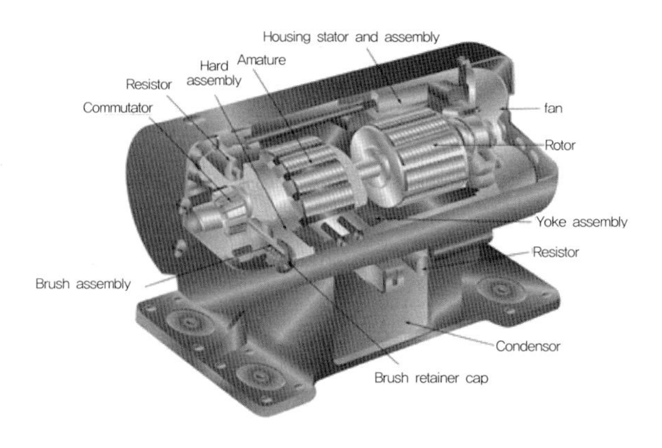

그림 3-14. 인버터

속품에서 사용된다. 이들 인버터는 보통 400 [Hz]의 주파수로 전류를 공급하기 위해 조립되었지만 일부의 경우, 하나의 권선에 교류 그리고 또 다른 권선에 두 개 이상의 전압을 공급하기 위해 설계된다.

반파정류기: 교류의 (+) 또는 (−) 중 한 곳의 반사이클만 전류를 흘려서 부하에 직류를 흘리도록 한다.

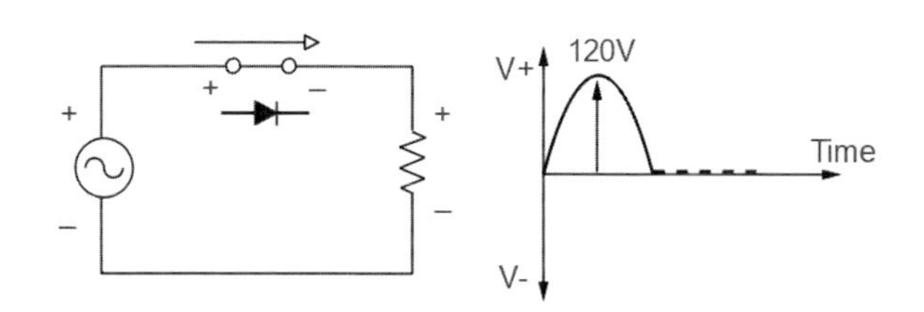

그림 3-15. 교류 반파 정류기 회로와 원리

전파정류기: 교류의 (+)와 (−) 모두를 연속적으로 정류한다.

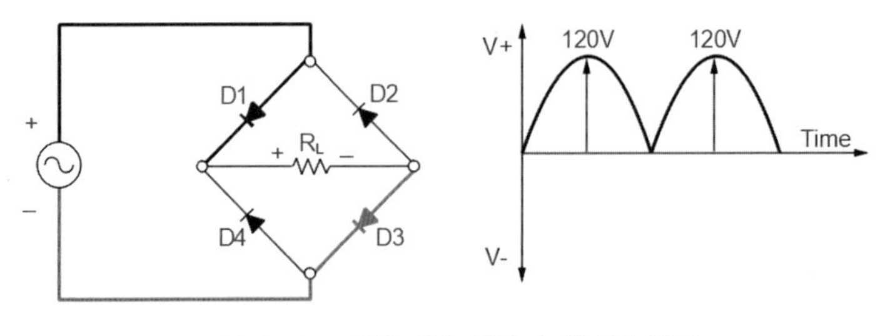

그림 3-16. 교류 연속 정류기 회로와 원리

3.4. 발전기와 전동기

발전기: 플레밍의 오른손 법칙에 의해 자석 내부의 코일을 움직여서(전자유도 작용) 기계적 에너지(축의 회전 운동)를 전기에너지로 바꾸는 장치로, 직류 발전기는 다이나모(dynamo), 교류 발전기는 제너레이터(generator)라고 한다.

① 직류 발전기

- **직권형 직류 발전기:** 전기자와 코일이 서로 직렬로 연결된 형식으로 부하도 이들과 직렬로 연결된다. 부하 크기에 따라 출력전압이 변하기 때문에 전압 조절이 어렵다.
- **분권형 직류 발전기:** 전기자와 코일이 서로 병렬로 연결된 형식으로 부하 전류는 출력전압에 영향을 끼치지 않는다.
- **복권형 직류 발전기:** 직권형과 분권형을 동시에 가지는 직류 발전기로, 분권 코일과 직권 코일의 기자력이 같은 방향으로 작용하는 가동복권발전기와 반대 방향으로 작용하는 차동복권발전기가 있다.

DC generator

그림 3-17. 직류 발전기의 기호

② **교류 발전기**

• **단상 교류 발전기**: 연속적으로 단일 교류 전압을 발생시키는 교류 발전기로, 단상 전력 시스템의 전력을 발생시키는 데 사용된다.

$$f(\text{주파수}) = \frac{P(\text{계자극수})}{2} \times \frac{N(RPM)}{60}$$

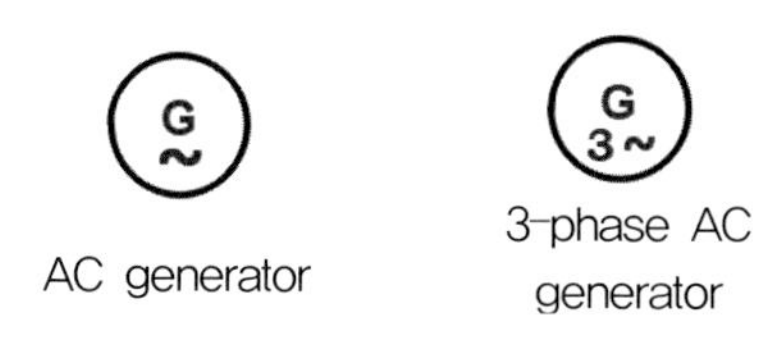

그림 3-18. 교류 발전기

• **3상 교류 발전기**: 권수가 같은 3개의 코일을 120° 간격을 두고 철심에 감아 영구자석이나 전자석을 이용하여 일정한 속도로 회전시키면, 자석이 회전할 때 각 코일에는 교류가 발생하게 되고, 세 코일에 유도된 교류전압은 주파수가 같지만 서로 120°의 위상차 또는 주기를 두고 연속적으로 발생된다. 결선 방법에는 스타 결선과 델타 결선이 있으며, 단상 발전기에 비해 효율이 우수하고 전압, 전류에서 이득을 가져 높은 전력의 수요를 감당할 수 있다.

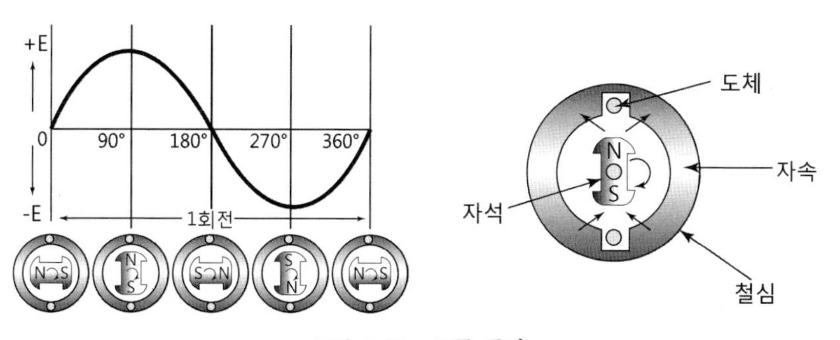

그림 3-19. 교류 주기

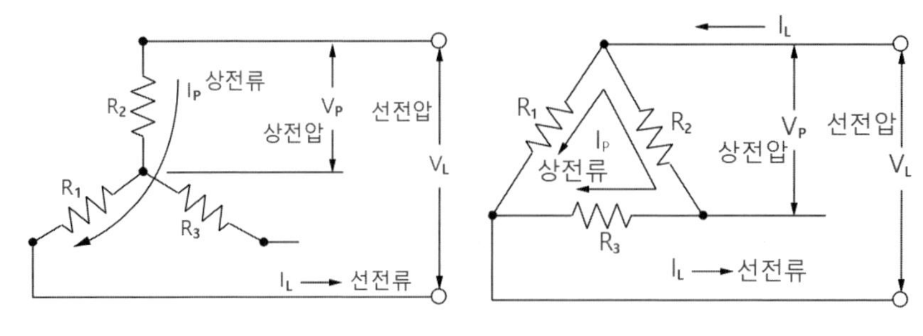

그림 3-20. 3상 교류

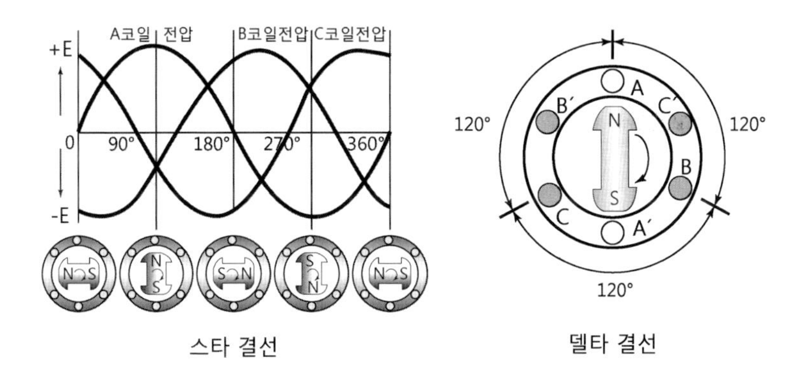

그림 3-21. 교류의 결선

③ **전압 조절기**: 발전기의 출력전압을 발전기 구동축의 회전 속도, 부하의 크기 등에 관계없이 일정한 출력 전압으로 유지하는 역할을 한다.(항공기에서는 카본파일형 전압 조절기가 많이 사용된다.)

④ **정속 구동장치**(constant speed drive, CSD): 기관의 회전수에 관계없이 항상 교류 발전기의 회전수를 일정하게 유지함으로써 출력 주파수를 일정하게 한다.

전동기: 플레밍의 왼손 법칙에 의해 전류가 흐르는 도체가 자기장 속에서 받는 힘을 이용하여 전기에너지를 역학적 에너지로 바꾸는 장치로, 일반적으

로 모터라고 말한다.

① **직류 전동기**: 전기적 에너지를 기계적 에너지로 바꿔주는 장치로, 기관의 시동, 조종면 작동을 위한 서보모터, 다이너모터 등을 구동하는 데 사용된다.

그림 3-22. DC 모터의 기호

- **직권 전동기**: 계자와 전기자가 직렬로 연결되며, 부하가 크고, 큰 시동 토크가 필요한 기관 시동용 전동기, 착륙장치, 플랩 등을 작동시키는 전동기로 사용한다.
- **복권 전동기**: 계자와 전기자가 병렬로 연결되며, 회전 속도에 따라 전류가 변하지 않는다. 원심펌프, 전동기-발전기를 작동하는 데 사용된다.
- **분권 전동기**: 부하 변화에 대한 회전 속도의 변동이 작으므로 일정한 회전속도가 요구되는 인버터 등에 사용된다.

② **교류 전동기**: 직류 전동기보다 효율이 좋기 때문에 경제적인 운전을 할 수 있으며, 직류에 비하여 작은 무게로 많은 동력을 얻을 수 있어 대형 항공기에 많이 사용한다.

그림 3-23. AC 모터와 기호

- **만능 전동기**: 직류 전동기와 모양과 구조가 같고 교류와 직류를 겸용으로 사용할 수 있다.
- **유도 전동기**: 고정자에 교류 전압을 가하여 전자 유도로써 회전자에 전류를 흘려 회전력을 생기게 하는 교류 전동기이다. 유도 전동기는 무부하에서는 거의 NS같은, 엄밀히 말하면 약간 느린 속도로 회전자가 회전하지만, 부하를 걸면 회전속도가 수% 느려진다. 이것을 슬립(slip)이라고 하고 다음과 같이 계산한다.

$$S(\text{슬립}) = \frac{N_2(\text{등기속도}) - N(\text{실제회전속도})}{N_S(\text{동기속도})}$$

$$N_S(\text{동기속도}) = \frac{120\,f(\text{주파수})}{P(\text{극수})}$$

예를 들어, p=4극, f=60 (Hz)이면 동기속도는 NS=120×60/4=1800(rpm), 정격 회전속도 1720 (rpm)인 경우 슬립은 슬립(slip)= (1800−1720)/1800= 0.044, 즉, 4.4%이다.

- **동기 전동기**: 회전자계를 만드는 고정자와 자극을 가진 회전자에 의해서 구성되며, 회전자는 회전자계와의 사이에 생기는 자기력에 의해 흡인되어 회전한다. 전원의 주파수가 일정하면 회전 속도가 일정하다는 특징을 가지고 있다.

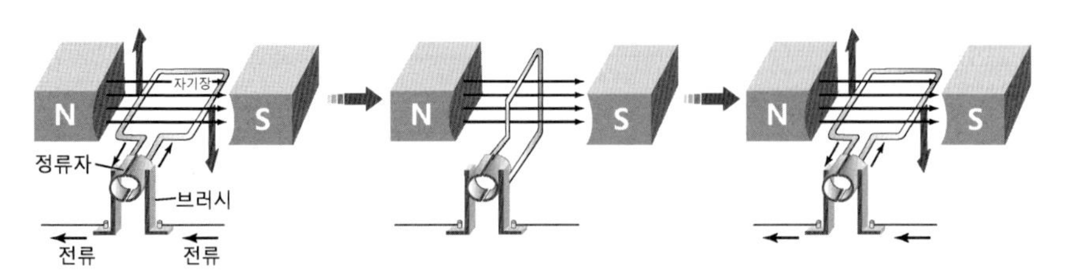

그림 3-24. 직류 전동기의 원리

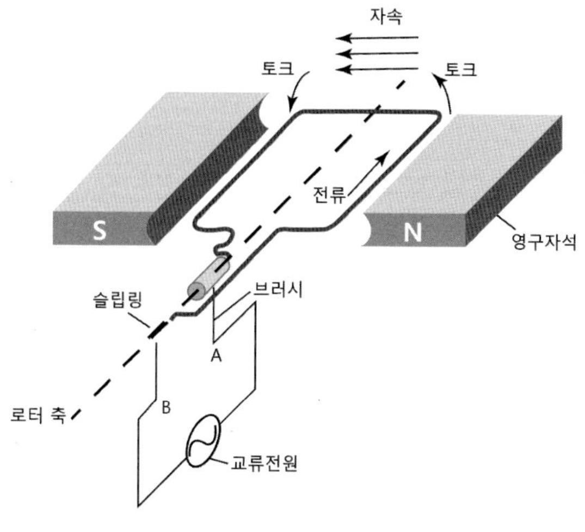

그림 3-25. 교류 전동기의 원리

Chapter

4

항공 전기전자 장비와 소자 실험실습

4.1. 항공 전자 실험실습 준비

4.1.1. 안전 점검

항공 전자 실험실은 저전압부터 고전압까지 일반 건물용 220 V를 사용하게 되므로 사전에 전기와 안전에 대한 점검이 이루진 상태로 준비되어야 한다. 실험에 임하는 학생들은 실험 준비 전에 실험실 사용계획에 대하여 숙지하고 안전에 대비하도록 한다. 안전 표지판의 설치, 화재 발생 시 대비 요령, 불필요한 전원의 사용에 대한 안전 점검이 요구된다. 실험실 안전 점검은 학교 규칙을 준수하도록 한다. 다음의 항공 전기전자 실험실의 인원 안전 및 장비 준수사항을 확인한다.

① 최대 입력치를 초과해서 사용하지 않도록 한다.
② 테스트 리드가 손상된 상태로 사용하지 않도록 한다.
③ 신체적 손상을 막기 위해 AC 30 V rms(최대 42.4 V) 또는 DC 60 V 이상의 전압을 측정할 때는 주의를 요한다.
④ 테스트 리드의 안전보호대 뒤를 잡고 사용하도록 한다.
⑤ 장비의 본체 또는 부품을 분해한 상태에서 사용하지 않도록 한다.
⑥ 퓨즈는 규정된 제품만 사용하도록 한다.
⑦ 측정을 시작하기 전에 측정 범위(range)가 알맞은 범위나 기능에 있는지를 확인하도록 한다.
⑧ 젖은 손이나 축축한 환경에서는 전기 전자 단선 또는 장비를 사용하지 않도록 한다.
⑨ 퓨즈(fuse)나 축전지의 교체 외에는 본체를 분해하지 않도록 한다.
⑩ 정확도와 안전을 위해 요구되는 주기 혹은 1년에 1회 이상의 교정검사를 받도록 한다.

4.1.2. 항공 전자 실험실습 목적

항공 전자 실험실습의 목적은 항공기 설계 및 정비를 위한 항공 전자 제품, 전자 소자 부품, 전기전자 계통에 관한 전반적인 중요성을 인식하고 학과에서 배운 이론을 바탕으로 실험실습을 통해 실무적인 능력을 확대해 나가는 데 있다. 따라서 실험을 위한 준비과정부터 실험을 진행하는 모든 과정에서 충분한 준비와 연구적인 태도를 가지고 각 실험항목의 목적과 관련되는 이론의 확실한 개념을 파악한 다음 실험에 들어가도록 해야 하고, 실험결과에 대하여 자료 처리를 그림, 혹은 표에 잘 정리하여 공학적인 보고서 작성 연습을 충실히 하도록 한다. 이론의 적용은 합리적인지, 실험결과 오차는 어떻게 처리되며 오차가 나오는 이유는 충분히 검증되고 토의되었는지에 대한 검토사항이 보고서에 충분히 반영되어야 한다. 실험 보고서에 반영되는 실험 내용에 대하여 숙지하도록 한다.

4.1.3. 편견이 없는 실험실습

모든 실험은 결과적으로 자연적인 현상을 관찰하고, 정리·기록하여 검토함으로써 끝나게 된다. 그러나 실험 방법을 교과서 그대로 충실히 시행하더라도 같은 사람이 두 번 이상 하거나 다른 사람이 할 때 실험결과가 똑같이 나오기를 기대하기는 힘들다. 이것은 실험실의 주위 환경, 기기의 상태, 관찰자의 상태 등 너무나 많은 시간적인 변화 요인을 가지고 있기 때문이다. 따라서 실험의 결과를 잘 고찰하여 왜 그렇게 되는가를 스스로 생각하는 습관을 가지도록 하는 것이 중요하며, 그렇게 함으로써 과학적인 고찰력이 연마되어 가는 것이다.

4.1.4. 실험실습 준비 점검사항

실험에 필요한 이론을 점검하고, 소요되는 자재, 재료를 준비한다. 실험에 적용되는 이론을 점검하고 완전히 숙지하고 있는지 확인한다. 실습 이론에 대한 정리와 참고문헌이 정리되어 있는지 각자 확인을 하고, 실험대 위에 필요한 전원, 요구되는 공구를 준비한다. 실험 시 기구는 조심스럽게 다루어야 한다. 특히 전자 실험에서는 미소전류나 전압을 다루기 때문에 정밀급의 계측기를 취급하는 경우가 많으므로, 충분한 주의가 필요하다. 기기에 조금이라도 이상이 발견될 때에는 그대로 두지 말고, 바로 관리자나 지도교수에게 그 상태를 보고하여 다음에 사용하는 사람에게 지장을 주지 않도록 해야 한다. 필요한 기구를 선택할 때에는 충분히 실험 내용을 검토·이해하여, 기기의 정격에 주의해 계기는 측정에 맞는 눈금의 것을 선택하지 않으면 안 된다. 검류기를 사용할 때에는 분류기를 사용하고, 처음부터 검류계에 큰 전류가 흐르지 않도록 한다. 저항기를 선택할 때에는 저항값에만 신경을 쓰는 경우가 많으나 반드시 전류용량이 적합한 것을 사용해야 하고, 커패시터는 그 사용전압 및 전압과 극성의 유무에 주의한다. 전압계, 전류계 등의 계기는 정밀도 및 허용오차가 계기마다 다르고, 또 동작 원리, 직류 또는 교류용, 수평형 또는 수직형 등에 따라 균등눈금, 자승눈금이 다르게 되어 있다. 따라서 실험의 목적이나 내용에 적합한 계기를 선정하지 않으면 측정결과가 부정확하게 되는 경우가 많으므로 이 점에 특히 유의해야 한다.

4.1.5. 실험실습 시 주의사항

실험실습실의 안전, 환기, 전원, 환경에 대하여 확인하고, 실험일지를 작성한다. 실험상의 유의사항으로 실험기기나 계기 등은 그 배치에 유의하여 결선이 복잡하게 교차되지 않도록 함은 물론이지만, 회로도에 표시된 기기 배열과 같게 하는 것이 좋다. 계기가 많아서 그 눈금을 동시에 읽어야 할 경우도 있으므로 기기의 정돈 배열과 같은 반원들의 협조가 필요하다. 결선은 회로도에 따라 먼저 전원 단자로부터 시작하여 직렬로 된 주회로를 완성한 후 회로에 병렬로 들어가는 전압계, 저항기 등을 접속하는 것이 틀릴 확률이 적다. 결선이 끝나면 기계 및 전기적으로 불완전한 곳이 없는지, 계기나 저항기 등의 접속에 틀린 점이 없는지를 다시 확인하고 지도교수의 점검을 기다려 전원 스위치를 넣는다. 스위치를 넣었을 때 계기가 반대 방향으로 또는 과도하게 자침이 움직일 때에는 곧 바로 스위치를 off로 하고, 접속을 바로잡는다.

실험 도중에 부자연스러운 일이나 잘못 조작하여 이상이 생겼을 때에는 바로 전원을 끄고 지도교수의 점검을 받도록 한다. 연속적인 측정치를 읽고 있을 때에는 전압이나 전류 조절기를 증가시키는 방향으로 시작했으면 계속 증가시켜 가면서 측정치를 읽어야 하며, 증가시켰다가 도중에 측정치가 빠졌다고 해서 다시 감소시켜 측정한 후에 증가시키는 일을 해서는 안 된다. 이러한 경우에는 처음부터 다시 해야 한다. 실험이 끝나면 전원을 끄고 결선을 풀어 기기나 계기의 점검을 한 후에 반납하면서 실험대 및 그 주변을 정리하고, 기록을 정리한다.

4.1.6. 실험실습 결과 보고서 작성 및 제출

실험실습 보고서를 제출하기 위한 준비를 한다. 이론적인 지식의 확인사항으로 강의실에서 배운 이론적인 지식은 어디까지나 이론적이고 추상적인 것이지만, 실험을 통하여 실제 현상을 경험함으로써 이론과 사실적인 현상이 부합됨을 알게 되고, 간단한 실험일지라도 여러 가지 교과목이 다른 분야의 지식이 복합적으로 나타나게 되므로, 단편적인 지식이 종합적으로 정리되어 산지식으로 확인할 수 있게 된다.

측정 기술과 능력의 향상을 위하여 실험에 언제나 이상적인 실험기구가 준비되어 있는 것이 아니므로, 실험을 거듭할수록 가지고 있는 기구의 성능을 파악하여 가장 유효적절하게 활용하는 방법과, 가장 좋은 실험 결과를 신속하게 얻는 방법 등이 습득됨으로써 측정 기술의 향상을 기대할 수 있다. 또한 나아가서는 새로운 미지의 과제에 대해서도 신속하게 대응할 수 있는 기술적인 능력을 가질 수 있게 된다.

협동정신을 함양하도록 한다. 모든 일은 개개인의 힘만으로 되는 것이 아니며, 또한 비능률적인 경우가 많다. 실험에 있어서도 여러 사람이 각각 할 일을 분담하여 서로 협조함으로써 더욱 좋은 결과를 얻을 수 있도록 해야 한다. 가령 관련 이론의 조사, 다른 실험 방법, 실험 기기의 조사, 합리적인 기기의 배치와 결선 방법, 기기의 조작, 측정치의 기록, 결과의 정리 등을 잘 분담하여 능률적으로 실험이 되도록 함으로써 협동정신을 기르도록 한다. 그러므로 실험에는 전원이 관찰 및 기록에 참여해야 한다.

보고서 작성의 연습을 위한 기회가 되어야 한다. 장차 자기 자신이 연구한 결과나 의견을 발표할 기회가 있게 될지도 모른다. 연구결과가 아니더라도 사회생활에서는 서류나 보고서를 갖추어야 할 기회가 얼마든지 있다. 이러한 것을 연습하는 의미에서도 보고서 작성은 중요한 의의를 가진다.

4.1.7. 결과의 처리

① 먼저 기록을 위한 표를 작성하여 준비하고 기입한다. 교과서의 표는 하나의 보기를 든 것이므로 공란을 여유 있게 두고, 실험 도중에 생길지도 모르는 문제점이나 관찰한 의견을 메모할 수 있도록 한다. 계산을 요하는 것은 계산결과를 빠짐없이 기입하되, 이 계산은 반드시 실험노트에 계산하여 그 과정을 차후에 점검할 수 있게 한다. 종이에 계산한 후 버리는 식의 방법은 하지 않도록 유의해야 한다.

② 측정 중에 생긴 특수한 현상은 사소한 일이라도 빠짐없이 기록해 두고, 실험이 끝난 다음에 이것을 검토하도록 한다.

③ 실험의 기록으로는 측정치뿐만 아니라, 일기, 온도, 습도 등 그때의 주위 조건과 사용한 기기의 명칭, 정격, 형명, 제조회사명 등도 기록하여 실험결과를 검토하는 자료로 해야 하며, 다시 그 실험을 해야 할 때 참고가 되도록 해야 한다.

④ 기록을 할 때에는 기본이 되는 설정량은 계기의 눈금을 읽기 좋게 정수치가 되도록 하고, 그래프를 그리는 경우를 생각하여 그 간격을 직선적인 등간격, 대수적인 등간격 등을 고려하여 설정하도록 한다.

⑤ 계기의 눈금이 기본 눈금만 있고 여기에 배율을 곱해서 측정치를 읽어야 할 경우에는, 지시치에 배율을 곱해서 기록하지 말고 지시치 그대로 읽어 기록하고 별도로 배율을 명시하도록 한다.

⑥ 실험실습 결과 자료는 해당되는 변수에 대하여 자료 목록을 만들고 이 값을 엑셀에 입력하여 직각(가우스)좌표, 원통좌표, 극좌표 및 로그좌표 등 필요한 형식으로 표현되도록 한다.

⑦ 측정치의 계산에 가장 중요한 것은 유효숫자의 자릿수이다. 예를 들어, 어떤 저항 R [Ω]에 전압 V=55 [V]를 가하니 전류 I=13 [A]가 측정된 경우, 전압계와 전류계는 그 지시에 ±0.2의 오차가 있다고 하면, 저항 R의 값은 다음의 R_1과 R_2의 범위 내에 있는 값이 된다. 즉,

$$R_1 = \frac{55+0.2}{13-0.2} = 4.3125$$

$$R_2 = \frac{55-0.2}{13+0.2} = 4.1515151$$

$$R_3 = \frac{R_1+R_2}{2} = 4.232005$$

이다. 여기서 R_3는 R_1과 R_2의 중앙치를 참고로 표시한 것이다. 이와 같이 55 [V]와 13 [A]의 끝자릿수에는 오차가 포함되어 있으므로, 측정치에 의한 계산은 불필요한 자릿수까지 계산할 것 없이 유효숫자의 자릿수가 2자리이면 3자리까지 구하여 반올림하면 된다. 즉,

$$R = \frac{55}{13} = 4.23 = 4.2\ [\Omega]$$

또한 전압 V=55 [V]를 가하여 전류 I=13 [mA]가 측정된 경우 저항치 R은

$$R = \frac{55}{13 \times 10^{-3}} = 4230.7692$$

로 계산되겠지만, 4230 [Ω], 4200 [Ω], 4.200 [kΩ] 등의 기록은 하지 않고, 4.2 [kΩ] 또는 4.2×10^3 [Ω]로 표시해야 한다.

⑧ 실험결과의 수치는 보기에 편리한 표로 만들어야 하고, 또한 반드시 그래프로 그려서 한눈에 볼 수 있도록 하며, 수치의 단위를 명시해야 한다.

4.1.8. 보고서의 작성

실험결과 보고서는 실험의 준비 단계부터 실험이 진행되는 과정, 실험결과 자료를 얻고 작성하는 모든 과정을 상세하게 작성하는 결과물이 된다. 실험이 끝나면 각자의 실험노트의 기록을 정리하여 실험보고서(report)를 작성한다. 보고서의 양식은 실험 항목, 목적 등에 따라 다르지만, 대체적으로 다음 사항을 적합한 형식으로 작성하면 된다.

① 실험 항목, 실험 연월일시 및 실험자명(date and name), 공동으로 실험한 경우는 공동 실험자명, 실험 장소, 기상 조건 등을 기록한다.

② 실험 목적(subject): 실험을 통해서 얻고자 하는 내용을 작성한다.

③ 관련 이론(relational principle): 실험에 직접 응용된 이론 및 보조 문헌을 작성한다.

④ 접속도(connection diagram): 경우에 따라 실체 결선도를 함께 기입하도록 한다.

⑤ 실험 장치(apparatus)의 특성, 규격, 소요기구 등의 명칭, 모델, 일련번호, 정격, 제조자명, 제조 연월일 및 검교정 일시 등을 기록한다.

⑥ 실험 순서: 실험을 수행하기 위한 일련의 순서를 작성한다. ASTM, KS

규격에 의한 표준 실험인 경우 그 절차를 따르도록 하고, 그렇지 않은 경우는 공학적인 방법에 따른 작성이 요구된다.

⑦ 실험결과(result): 실험기록표, 곡선도표는 엑셀을 이용한 그래프의 표기를 하도록 한다.

⑧ 결론: 실험 방법, 순서, 결과에 대한 검토, 토론, 의견, 실험상 특히 고려한 사항 등에 대하여 얻은 결과를 작성한다.

4.2. 항공 전기전자 실습 장비

전원공급기(power supply): 전원을 공급하는 장치이다. 즉, 일정한 전압을 출력해 줄 수 있는 장치이며, 고급형의 경우 전류 제한 회로도 들어 있다. 사용 시 전류 제한치를 정해주고 전압을 결정한 후, 장비와 측정 대상을 상호 간에 연결하도록 한다.

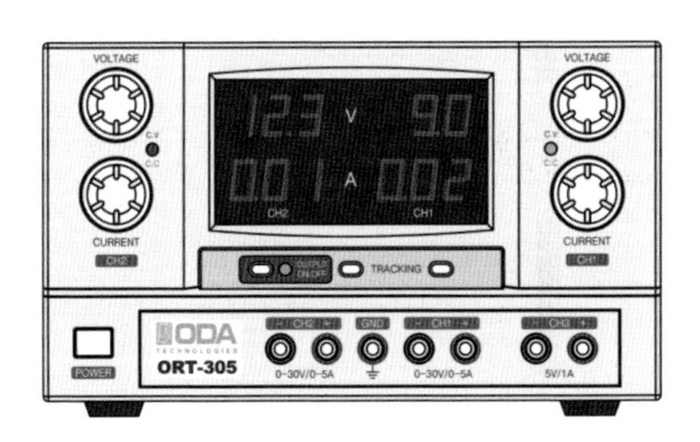

그림 4-1. 전원공급기

멀티미터(multimeter): AC 또는 DC의 전압/전류, 저항값, 커패시턴스 값, 도통 여부 등을 알기 위한 계측기를 하나에 모아 놓은 기기이다. 종류로는 눈금바늘을 가진 아날로그 멀티미터와 측정값을 세븐세그먼트 시현기(seven-segment display)나 LCD 등을 통하여 숫자로 보여주는 디지털 멀티미터가 있다. 멀티미터로 측정하는 물리량은 측정하는 시점의 신호의 직류 및 교류 전압값, 측정하는 시점의 신호의 직류 및 교류의 전류값, 저항값, 도통 테스트, 커패시턴스값(옵션), LED의 "+−"를 판별하고 TR의 핀을 판별하는 기능이 있다. 그림 4-2와 그림 4-3은 디지털 멀티미터와 아날로그 멀티미터를 보여준다.

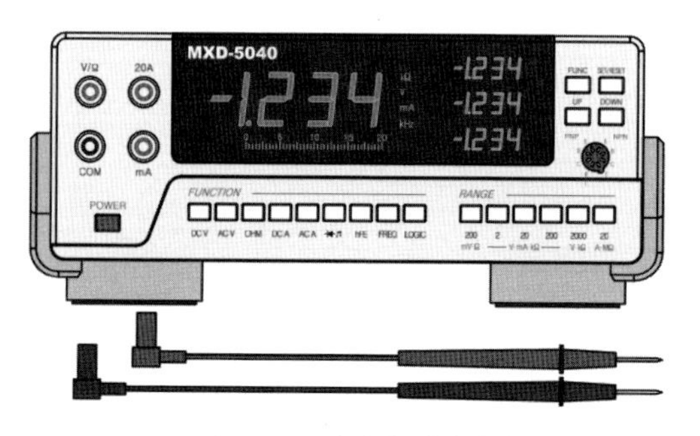

그림 4-2. 디지털 멀티미터

그림 4-3. 아날로그 멀티미터(ST-506TRIII)

멀티미터로 저항을 측정하기 위해서는 저항의 대략적인 값을 추산하여 저항 측정 범위를 정한다. 최대 예상 저항보다 더 높은 값으로 정한다. 여기서 작은 범위로 할수록 정밀한 값을 얻을 수 있다. 아날로그 테스트의 경우, 테스터의 빨간선과 검은선을 서로 닿게 한 후 영점을 조정, 0옴으로 한다. 디지털의 경우 0옴이 나오는지 본다. 테스터의 빨간선과 검은선을 각각 저항의 양단에 연결하고 화면에 나오는 값을 읽는다. 멀티미터의 다이오드 측정의 경우, 전류가 한쪽 방향으로만 흐르는 특성을 이용한다. 이때, 빨간선에서는 멀티미터의 내장 전원의 "−"가 나오고 검은선에서는 멀티미터의 내장 전원의 "+"가 나옴을 유의한다.

오실로스코프(osilloscope): 회로에서 시간에 따른 전기적인 신호의 변화를 화면에 표시해 주는 장치이다. X축(수평축)은 시간의 변화, Y축(수직축)은 전압의 변화, Z축은 명암, 밝기의 변화를 나타낸다. 종류로는 아날로그 오실로스코프, 디지털 오실로스코프(storage, auto measurment, computer interface)가 있다. 오실로스코프로 측정하는 물리량은 직류 및 교류 전압, 발진 신호의 주파수, 신호의 입력 시간에 따른 전압의 크기, 입력 신호에 따른 회로상의 응답 변화, 노이즈 성분의 모양, 크기, 정도 등 적당한 변환기를 사용하면 모든 종류의 현상들을 측정할 수 있다. 예를 들어, 마이크로폰, 자동차 엔진의 진동, 인간의 뇌파 등과 같은 것이다. 또한 바다의 파도, 지진, 충격파, 폭발, 공기 중의 소리 이동, 움직이는 인체의 자연 주파수 등의 자연 현상은 사인파 형태로 움직이게 된다. 우리의 신체적 영역에는 에너지, 진동하는 입자 및 기타 보이지 않는 힘이 널리 퍼져 있다. 심지어 부분적으로 입자이면서 파동인 빛까지 컬러로 관측할 수 있는 기본 주파수를 가지고 있다. 센서를 통하여 이러한 힘을 오실로스코프는 시현하도록 해준다.

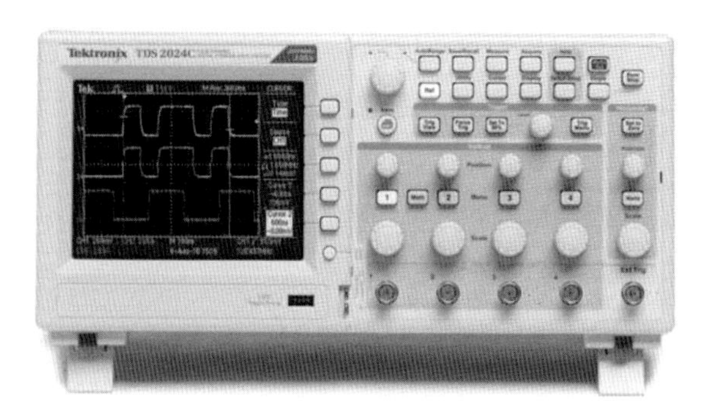

그림 4-4. 오실로스코프

오실로스코프의 사용 전 주의 확인사항으로 기기의 접지는 감전쇼크를 방지하고, 기기를 보호하도록 해준다. 사용자 접지는 정전기로부터의 기기를 보호하고, 사용자 신체로부터의 신호 영향을 방지해 준다. 오실로스코프의 전면부는 수직부, 수평부, 동기부로 구성되어 있고, 입력단에 프로브를 연결하도록 되어 있다. Autoset이나 preset 기능이 있는 경우 이 버튼을 누르면 적절한 화면으로 이동한다. 없는 경우 volt/div 즉, 세로 큰 눈금 한 칸당 전압을 적절히 세팅, time/div 즉, 가로 큰 눈금 한 칸당 시간을 적절히 세팅, 화면 밝기 조정, 초점 조정, 화면을 세우기 위해 필요한 트리거 조정, 디지털의 경우 화면을 정지시키는 버튼이 있는 경우가 많다. 이렇게 되면 사용 준비가 완료된 것이다.

프로브에 대하여 살펴보면, 프로브(probe)는 전기회로에서 전압값을 측정하기 위하여 측정 지점에 접촉하여 연결하는 핀과 같은 것인데, 오실로스코프의 높은 임피던스와 커패시턴스에 입력이 가능하도록 일반적으로 더 높은 임피던스와 커패시턴스에 의해 감소되어 오실로스코프로 입력된다. 프로브의 종류로는 수동 프로브(passive probe), low capacitance probe, 능동 프로브(active probe), differential probe, high voltage probe 등이 있다.

수동 프로브는 공기 중에 떠도는 전파에 유기되지 않도록 설계되어 있다. 부하효과(오실로스코프와 프로브 간의 효과)를 최소화하기 위하여, 5 kHz 이상의 신호 측정 시 ×10(감쇄) 프로브를 사용한다. 미약한 신호의 경우 ×1 프로브를 사용한다. 이때, 오실로스코프가 자동으로 프로브 종류를 알아내어 표시하지만, 그렇지 않은 경우도 많으므로 반드시 확인하여야 한다.

능동 프로브의 경우, 오실로스코프로 연결시키기 전에 자체 증폭하여 부하 효과를 최소화한다. 전류 프로브는 전류 파형을 관찰하고 측정할 수 있게 해준다. 직접 연결되지 않으므로 회로에 간섭을 거의 일으키지 않는다. 프로브의 접지를 위해서는 프로브의 악어 클립을 회로의 접지에 물린다. 금속새시 같은 탐침으로는 회로의 테스트 부분을 테스트한다.

함수 발생기(function generator): 다양한 주파수와 위상을 가진 다양한 패턴의 전압을 생산하는 장치이다. 여러 가지 형태의 함수를 발생시켜 전압 형태로 출력하며, 발생할 수 있는 함수는 sine, square, ramp, pulse 등이 있다. 일반 신호 입력에 입력 신호를 주었을 때 반응을 테스트하기 위하여 사용된다. 출력 파형에서 다음의 출력 형태를 선택할 수 있다. 구형파의 경우 high에서 low 전압으로 직접 떨어진다. 사인파의 경우 신호는 high에서 low로 사인파 모양으로 발생한다. 삼각파의 경우 고정된 비율로 high에서 low로 신호가 움직인다.

간단한 예로서 100 Hz의 사인파를 발생시켜 본다. 발생시킬 사인파의 peak-to-peak 전압은 2 V이며, offset은 0 V로 한다. 즉 사인파의 가장 낮은 전압이 −1 V, 가장 높은 전압이 1 V가 되도록 한다. 먼저, 그림 4-5와 같이 sine 버튼이 선택되어 버튼 램프가 점등 상태인지 확인한다. 그 다음, 주파수를 선택하기 위해서 6개의 파란색 버튼 중 Freq/Period라는 표시의 바로 아래에 있는 버튼을 누르면 되지만, 그림 4-5와 같은 상태는 이미 선택이 된 상태라 누를 필요가 없다. 통상 전원을 켜고 초기화가 끝나면 위의 상태에서 시작된다. 이 버튼은 한 번씩 누를 때마다 입력 방법이 주파수(freq)와 주기(period)로 교대로 바뀐다.

① 주파수(Hz) 선택 상태에서 숫자 패드의 숫자를 누르면 숫자 입력 화면

그림 4-5. 함수 발생기(function generator)

으로 바뀌며, 이 화면에서 숫자 100을 누른 후, Hz 표시 아래의 버튼을 누르면 주파수(Hz) 선택이 완료된다.

② 주파수(Hz) 선택이 완료되면 화면이 바뀌고, 이 상태에서 Ampl 표시 아래의 버튼을 누르면 진폭(amplitude) 선택이 가능하다.

③ 진폭(amplitude) 선택 화면에서 숫자 패드를 누르면 숫자 입력이 나오며, 숫자 2를 누른 후 Vpp 아래 버튼을 누르면 peak-to-peak 전압이 2 V로 설정된다.

④ 진폭(amplitude) 선택이 완료되면 화면이 바뀌고, 이 상태에서 Offset 버튼을 누르면 offset 선택이 가능하다.

⑤ Offset 선택 화면에서 숫자 0을 누르고 Vdc 버튼을 누르면 offset 전압 설정이 완료된다. 진폭(amplitude)과 offset 대신에 HiLevel, LoLevl을 선택해서 설정하는 방법도 있으며, 이는 최대 전압값과 최소 전압값으로 설정하는 방법이다. 함수 발생기의 Output 버튼을 눌러서 버튼 램프를 점등 상태로 만든다. Output 버튼이 점등되어 있지 않으면 신호가 출력되지 않는다.

4.3. 항공 전기회로 실험

4.3.1. Ohm의 법칙 실험

(1) Ohm의 법칙

전기회로에서 저항, 전류, 전압의 관계는 기초적이면서 중요한 전기적 물리량을 보여 준다. 본 실험은 전기회로의 저항과 전압 그리고 전류값의 상호 관계를 실험적으로 측정하는 과정이다. 저항 R과 전류 I 그리고 전압 E가 각각 전기회로에서 전기적으로 무엇을 의미하는지에 대하여 실험을 통하여 확인한다.

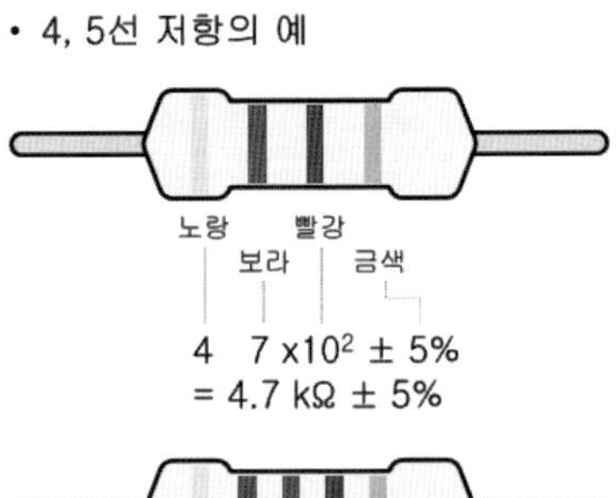

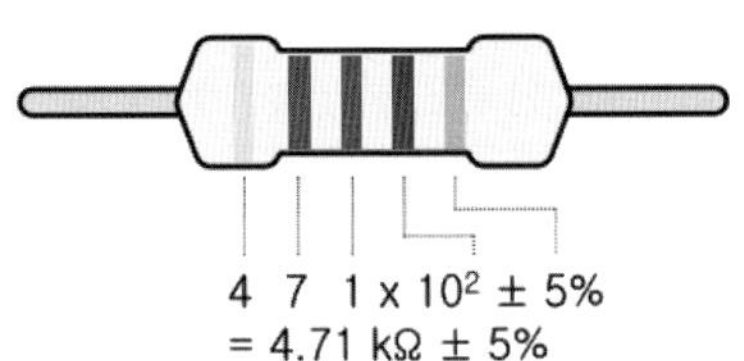

그림 4-6. 저항기 표기에 대한 읽기

(2) 전기량의 관계

① **전압**: 2점 간 전하의 전위차를 말하는 것으로, 전기(전류)압을 뜻하며 일반적으로 파이프 내의 흐르는 물의 수압에 비교 설명될 수 있다. 기호로는 “E”로 표시되며 그 전압(voltage)의 단위는 V로 나타낸다.

② **전류**: 전하의 이동을 전류라 하며 정전하가 이동하는 방향을 전류의 "+"의 방향으로 정한다. 그리고 단위 시간(sec) 내에 흐르는 전류를 표시할 때 기호로는 "I"로 표시하고, 그 전류(current)의 단위는 A로 나타낸다.

③ **저항**: 전류의 흐름을 방해하는 정도를 나타내는 물리량으로서, 일반적으로 같은 수압일 경우 수도관의 굵기에 따라서 단위 시간 중 물의 흐르는 양이 다르게 되는 것과 동일한 원리로 비교 설명될 수 있다. 기호로는 "R"로 표시되며 단위는 Ω 으로 나타낸다. 즉, 1 V의 전압에서 1 A의 전류가 흐른다면 이 전기회로의 저항은 1 Ω 인 것이다. E, I, R의 상호관계는 다음과 같다.

$$E = R \times I$$

$$I = \frac{E}{R}$$

$$R = \frac{E}{I}$$

이상과 같은 관계를 '옴의 법칙'이라고 하며, 이는 직류(DC)회로와 교류(AC)회로에서도 동일하게 적용된다. 그림 4-7은 전원으로부터 저항 R 양단에 걸리는 전압, 그리고 R에 흐르는 전류회로를 기본적으로 나타내는 회로이다.

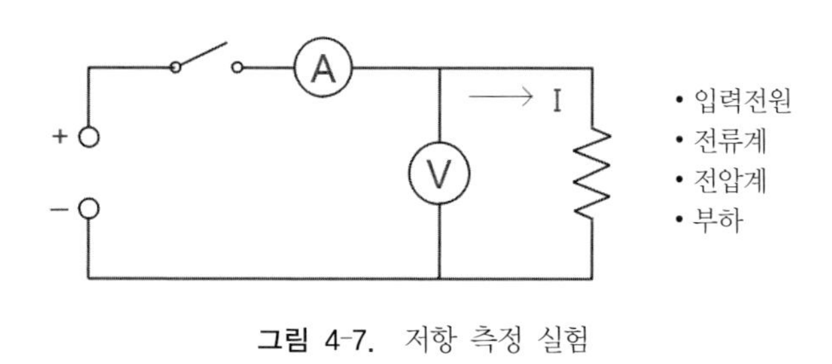

그림 4-7. 저항 측정 실험

④ **전력**: 전류가 단위 시간에 해내는 일의 양을 말하며, 기호로는 P로 표시되고, 단위는 W(watt)로 나타낸다. 만약 일정한 저항을 갖는 같은 부하일 경우에는 그 부하 양단의 전위차(즉, 전압)의 제곱에 비례한다.

$$P = I^2R = \frac{E^2}{R}$$

$$P = EI$$

일반적으로 직류(DC)나 교류(AC)에서 다 같이 적용되고 있지만, 특히 교류회로에서는 실효값 또는 평균 전력값, 그리고 유효전력 $P = VI \cos\phi$[W]와 무효전력 $Pr = VI \sin\phi$[Var] 등으로 나타내고 있다.

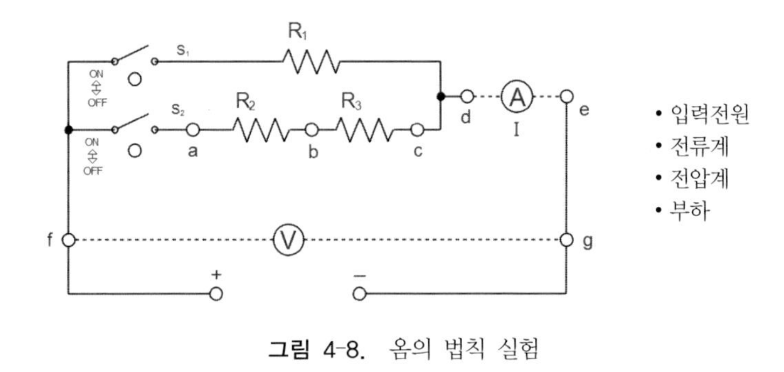

그림 4-8. 옴의 법칙 실험

(3) 실험 준비

회로 설치를 위한 breadboard, 저항소자, 직류(DC) 전원공급기(0~10 V, 2 A), 디지털 멀티테스터 및 회로 연결 코드(cord)를 준비한다.

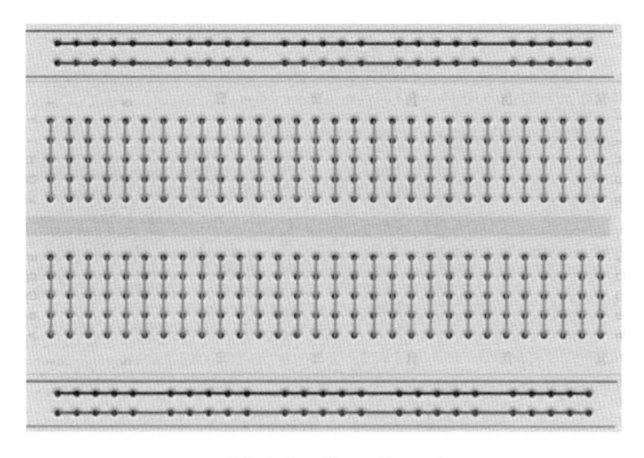

그림 4-9. Breadboard

(4) 실험 진행

① Breadboard 실험보드에 소자를 연결한다.

② 실험보드 및 스위치를 모두 off시킨다.

③ 전원공급기의 출력전압을 0~10 V 중 선택하여 그 출력을 실험보드의 양극(+)과 음극(−)의 입력단자에 연결시킨다.

④ 전류계를 그림 4-8에서와 같이 Ⓐ 표시 양단에 연결하고 전압계를 Ⓥ 표시 양단에 연결한다. 그리고 전압계가 입력전압(0~10 V)을 지시하는지 확인한다.

⑤ 전류계는 얼마를 지시하는지 확인한다. 옴의 법칙에 따라 E, I, R의 상호관계를 확인한다.

⑥ Switch를 off시킨 다음, 직류(DC) 공급기의 출력전압을 1 V, 2 V, 3 V, 4 V, 5 V 등으로 변경하면서 각각에서의 전류계의 지시값이 옴의 법칙대로 나타내는가를 확인한다.

⑦ 전류계 지시가 1 A를 지시하도록 입력전압을 조정한 후 디지털 멀티테스터를 사용하여 전류계 Ⓐ 양단의 전압을 측정하여 확인한다.

⑧ 저항 양단에 전압을 가했을 때 부하 저항에서 소모되는 전력을 계산한

다. 그리고 부하 저항에 의한 전류를 측정하여 이 값에 의한 전력을 계산한다. 그리고 식 E · I에 대하여 입증되는지 확인한다.

입력전압이 있고 그 회로의 저항에 따라 전류가 흐르게 되는 경우, 회로의 저항은 입력전압에 대하여 부하(load)의 역할을 하게 된다. 따라서 우리가 실험한 회로에서 각각의 저항은 입력전압에 대하여 부하저항(load resistor)이라고 말할 수 있다.

(5) 실험결과의 이해

① 저항이 적으면 같은 전압에서 그만큼 전류는 많이 흐를 수 있게 된다. 그리고 저항이 거의 없다는 것은 short됨을 말하는 것이고, 저항이 무한대와 같다는 것은 open됨을 말한다.

② 전압이 높게 되면 같은 저항값을 통과하는 전류는 전압에 비례하여 증가하게 된다.

③ 부하저항에 흐르는 전류가 2배로 되거나 또는 부하저항 양단 전압이 2배로 되면 그 부하저항에서 열에너지로 소모되는 전력은 각각 4배로 된다. 즉 전력(P)는 전류(I) 또는 전압(E) 변화의 제곱에 비례하는 열을 발생하게 된다.

4.3.2. 저항의 직렬과 병렬

(1) 실험 내용

저항에 또 다른 저항이 직렬로 연결되거나 또는 병렬로 연결될 때 그 합성 저항값은 어떻게 변하는지를 확인하는 실험이다.

(2) 실험 준비

일상생활에 사용하는 100 V 전원의 전등을 1개에서 1개를 추가로 불이 들어오도록 on시킨다면 이는 2개의 전등 저항이 병렬연결됨을 의미하는 것이다. 따라서 100 V 전원의 전류는 추가된 만큼 증가하여 흐르게 된다. 이것은 바로 100 V의 전원에서 볼 때 부하저항이 그만큼 적어짐을 말하는 것이다. 한편 100 V의 전구에 직렬로 저항을 연결하여 그 밝기를 조절한다면 이것은 그 직렬저항으로 인해 전구에 흐르는 전류가 변한다는 것을 의미한다. 즉, 밝기 조절을 위한 저항값이 높아지면 전등은 어두워지고, 저항값이 낮아지면 전등은 밝아진다. 그림 4-10(a)는 병렬회로이고, 그림 4-10(b)는 직렬회로이다.

여기서 각각 그림 4-10(a)와 (b)는 $R_T = \dfrac{R_1 \times R_2}{R_1 + R_2}$와 $R_T = R_1 + R_2$이 된다.

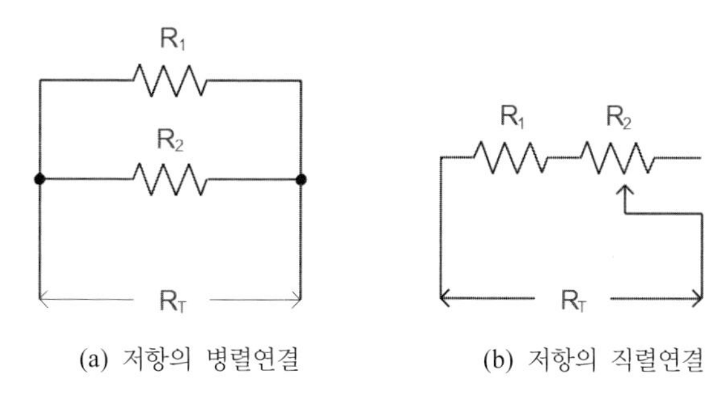

(a) 저항의 병렬연결

(b) 저항의 직렬연결

그림 4-10. 저항의 직렬연결과 병렬연결

(3) 실험 진행

① Breadboard에 관련된 측정하고자 하는 저항을 설치한다.

② 멀티미터를 이용하여 저항을 측정한다.

③ 병렬연결 및 직렬연결에 대하여 저항값을 측정한다.

(4) 실험결과의 이해

① 저항의 직렬회로에서는 직렬저항들이 추가되는 것만큼 그 양단 합성저항은 증가한다.

② 저항의 병렬회로에서는 병렬저항들이 추가되는 것만큼 그 양단 합성저항은 감소한다.

4.3.3. 전압계와 전압 측정

(1) 실험 내용

전압계의 원리에 대한 실습과 함께 전압계의 설계 및 측정 오차의 발생에 대하여 알고자 한다.

(2) 실험 준비

대개의 전압계는 미터와 미터에 직렬로 연결된 배율기(multiplier)로 구성되어 있다. 일반적으로 직류(DC)전압계의 경우 미터 자체의 FS(full scale) 감도는 50μA로부터 1 mA의 것이 많이 사용되며, 이들의 내부저항은 대개 500 Ω~1 kΩ 이다. 따라서 만약 100μA, 1 kΩ 의 미터라면 FS 시의 미터 입력전압은 100μA×1 kΩ =0.1 V가 된다. 여기서 미터 감도 1 mA, 내부저항 1000 Ω 의 미터를 가지고 10 V 직류(DC)를 측정하려 한다면 FS 시의 미터 입력전압은 1 mA×1000 Ω =1 V이므로 10 V − 1 V=9 V는 배율기에서 전압 분배가 이루어져야 한다. 즉 1 V는 미터 내부저항에서, 그리고 나머지 9 V는 배율기에 분압되어야 한다. 이는 그림 4-11에서 보여준다.

$$V_2 = IR_2$$

$$V_1 = V_B - V_2$$

$$R_1 = \frac{V_1}{I}$$

미터의 FS 감도와 내부저항을 알게 되면 측정 전압의 범위(range)에 따라 배율기를 설계할 수 있게 된다. 실제의 멀티테스터에서는 미터의 내부저항과 직렬로 몇 백 옴의 가변 저항기를 두어 미터의 내부저항 calibration이 될 수 있게 하고 있다. 여기서 미터의 전 구간 감도(meter FS sensitivity)는 1 mA, 내부저항(internal resister) R_m은 1 kΩ 이다.

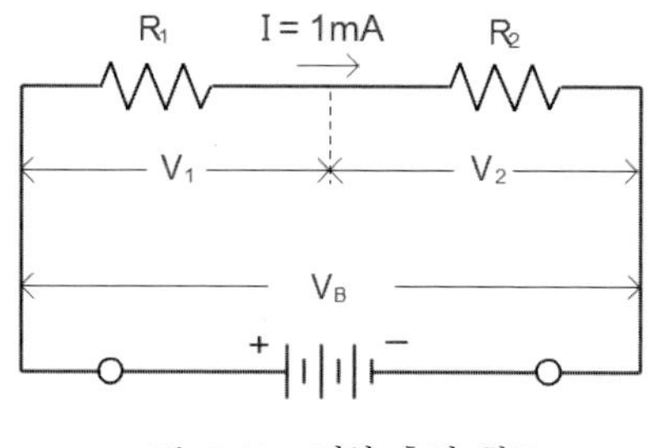

그림 4-11. 전압 측정 회로

$$R_M = (N-1)R_m (R_M\text{: multiplier, N: multiple ratio})$$

(3) 실험 준비

Breadboard 회로 설치 실험보드, 직류(DC) 전원공급기 0~50 V 1 A, 디지털 멀티테스터, 회로 연결 코드이다.

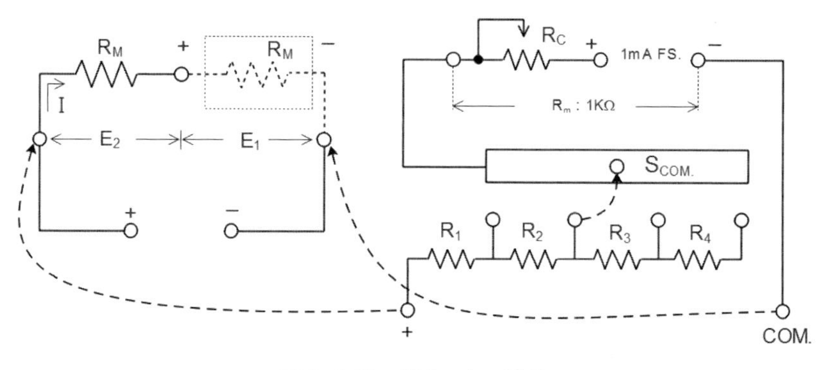

그림 4-12. Voltmeter 연결

(4) 실험 진행

① 미터의 내부저항과 배율기에 실험보드를 부착시킨다.

② 직류(DC) 전원공급기의 출력을 5 V로 조정하여 실험보드 회로의 양극(+)단자와 음극(−)단자에 연결한다.

③ 보드의 미터를 그림 4-12 회로의 점선과 같이 연결하고, FS 1 mA를 지시하는지를 확인한다.

④ 디지털 멀티테스터를 사용하여 미터의 양단 전압을 측정할 수 있도록 연결한다. 이때 몇 V를 지시하는지를 확인한다. 미터의 내부저항값은 1 kΩ 이다.

⑤ 디지털 멀티테스터를 사용하여 배율기 저항의 양단 전압을 측정한다.

⑥ 이 결과 양단 전압의 합이 측정전압의 합이 되는지를 확인한다.

(5) 실험결과의 이해

① 저항 및 미터의 오차에 따라 ±3% 정도는 계산값과 다를 수 있다. 또한 디지털 멀티테스터나 실험보드에 있는 미터의 오차로 인하여 서로 약간의 차이가 날 수 있다.

② 측정 입력전압을 임의로 적용할 경우, 회로의 전류 I는 몇 mA가 되는지 미터의 지시와 계산값을 비교한다.

③ 부하저항이 변치 않고 있을 경우, 회로의 전류는 입력전압에 비례한다. 따라서 미터의 감도에 따라서 전압의 오차가 있음을 확인한다.

(6) 멀티미터의 전압계 원리

① 직류(DC) 전원공급기를 50 V로 조정하여 실험보드 우측 회로의 양극(+)단자와 COM단자에 연결한다.

② 이 단자와 10 V 단자를 코드를 사용하여 연결한다. 그리고 미터의 지시를 확인한다. 미터의 감도는 1 mA FS이다. 10 V 입력 시 미터가 FS를 지시하였다면 전압계 회로 전류 I는 몇 mA가 되는지 결과를 설명하도록 한다. 또한 10 V 범위에서의 배율기의 저항값은 얼마인지를 설명한다.

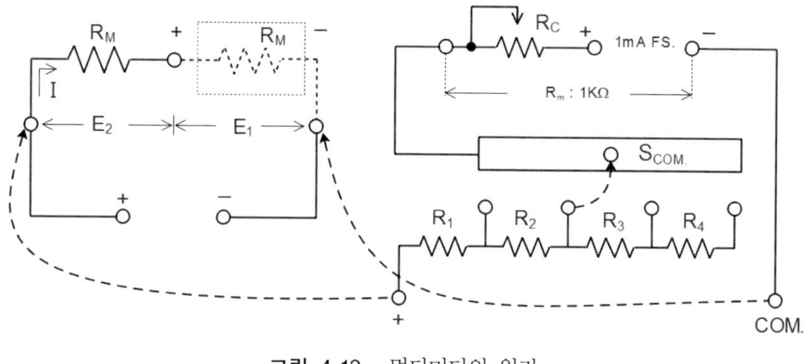

그림 4-13. 멀티미터의 원리

4.3.4. 전류 측정

(1) 실험 목표

전류계와 전류 측정, 전류계의 원리에 대한 실험과 함께 전류계의 설계 및 측정 오차의 발생에 대하여 학습한다.

(2) 실험 내용

일반적으로 전류계는 미터와 미터에 병렬로 연결되는 분류기(shunt)로 구성되어 있다. 이런 경우 보통 미터의 감도는 50 μA~1 mA(FS)의 것으로, 이들의 내부저항은 500 Ω~1 kΩ 이다. 또한 대전류(10 A 이상) 측정에 사용되는 분류기는 그 분류기의 용량(A)과 함께 미터의 연결을 위한 분류기의 출력 전압을 표시하고 있다. 예를 들면, 100 A 50 mV의 표시이다. 이런 경우 미터의 FS 입력전압이 50 mV인 것을 사용한다면, 이는 바로 100 A(FS)을 지시하는 것이 된다. 만약 미터 자체의 감도가 100 μA이고 그 내부저항이 500 Ω 이라면 이 미터의 FS 입력전압은 100 μA×500 Ω =50 mV인 것이다. 여기서 미터의 감도 1 mA, 내부저항 1 kΩ 의 미터를 가지고 1 A를 측정한다면 분류기는 다음과 같이 설계된다.

R_1: 미터의 내부저항

R_2: 분류기(shunt)

E_m: 미터의 입력

I_T: 부하 저항 R_L에 흐르는 전류(즉, 측정하려는 전류)

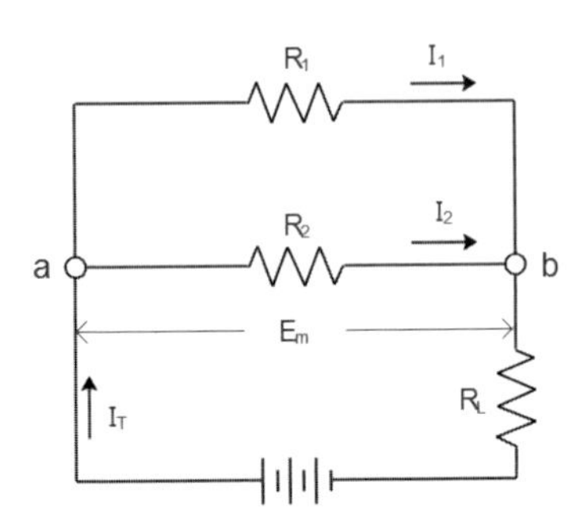

그림 4-14. 전류 측정 회로

$$R_2 = \frac{R_1 \times I_1}{I_2} = \frac{R_1 \times I_1}{I_T - I_1}$$

다른 방법으로 측정하고자 하는 전류가 미터 자체 FS 전류의 N배일 경우 이에 따른 계산 방법이다.

$$N = \frac{I_T}{I_1} = \frac{I_1 + I_2}{I_1}$$

여기서 $I_1 = \frac{E_m}{R_1}$, $I_2 = \frac{E_m}{R_2}$, E_m은 미터 FS 입력값이다.

따라서 $N = \dfrac{\frac{E_m}{R_1} + \frac{E_m}{R_2}}{\frac{E_m}{R_1}} = R_1\left(\frac{1}{R_1} + \frac{1}{R_2}\right) = 1 + \frac{R_1}{R_1}$, $R_2 = \frac{R}{(N-1)}$ 이 된다.

(3) 실험 준비

Breadboard, 직류(DC) 전원공급기 0~10 V 1 A, 디지털 멀티미터, 회로 연결 코드이다.

(4) 실험 진행

① 미터의 내부저항과 분류기의 실험보드에 전류계(amperemeter)를 연결한다.

② 직류(DC) 전원공급기의 출력전류를 정확히 10 mA의 정전류로 조정하여 실험보드의 좌측 회로의 양극(+)과 음극(−)단자에 연결한다.

③ 디지털 멀티미터의 전류계 범위를 DC 20 mA로 하여 그림 4-15의 좌측 회로의 Ⓐ 표시에 연결한다. 그리고 몇 mA를 지시하는지 확인한다.

④ 실험을 위한 미터는 그림 4-15의 점선과 같이 연결하고, 미터가 1 mA FS를 지시하는지 확인한다. 그리고 분류기(R_S)를 통해 흐르는 전류는 몇 mA인지 디지털 멀티미터를 다시 확인한다. 여기서 미터 자체의 감도는 1 mA FS이다.

⑤ 정전류 전원으로부터 정전류를 공급받을 경우는 부하저항, 여기서는 미터의 내부저항과 분류기(R_S)의 변화에 관계없이 회로에는 10 mA가 흐르게 된다. 단, 부하저항이 너무 커지면 정전류 mode는 전압 mode로

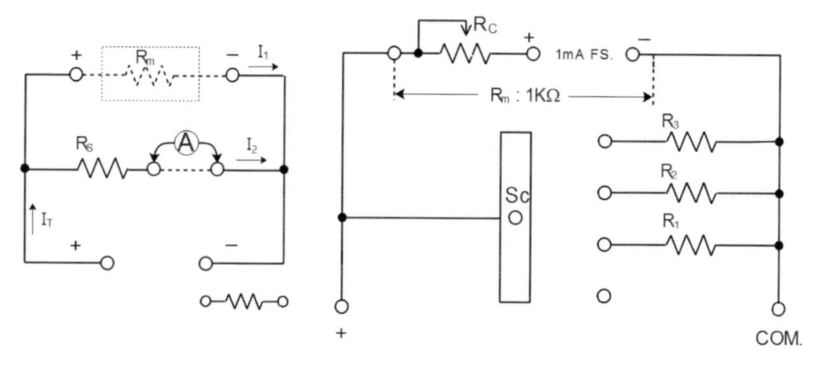

그림 4-15. 전류계 연결

바뀌게 될 것이다.

⑥ 그림 4-16의 점선과 같이 회로를 연결하고 직류(DC) 전원공급기의 출력전압을 대략 5 V로 조정한 후 회로의 양극(+)단자와 부하 저항의 음극(−)단자에 연결한다. 그리고 미터가 1 mA FS를 지시하도록 직류(DC) 전원공급기를 조정한다.

⑦ 디지털 멀티미터의 전압 범위를 DC 20 V로 하여 부하 저항 양단에 연결한다. 그리고 몇 V를 지시하는지를 확인한다. 전원공급기로부터 공급된 전압과 양단 전압은 얼마이며, 양단 전압이 크다는 것은 무엇을 의미하는지 설명한다.

(5) 실험결과의 이해

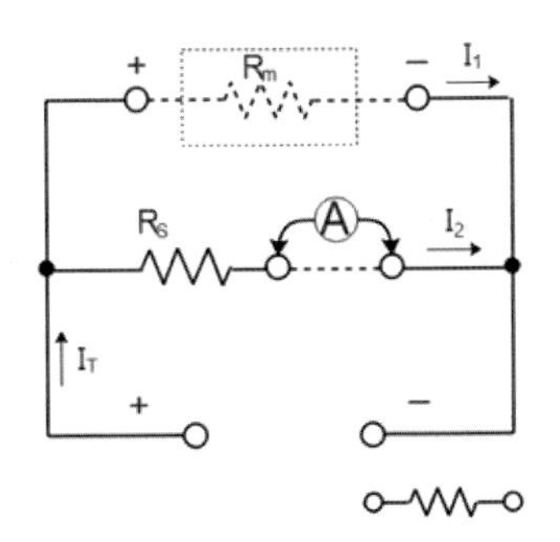

그림 4-16. 출력전압 조절 회로

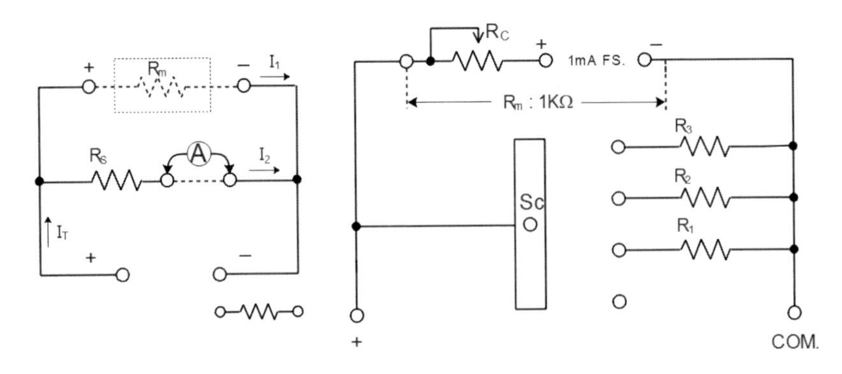

그림 4-17. 멀티미터 전류의 원리

직류(DC) 전류계는 기본적으로 적은 전류, 즉 고감도의 전류계와 분류기(shunt)에 의하여 만들어진다. 따라서 기본 전류미터의 내부저항과 FS 감도를 알게 되면 N배의 큰 전류를 측정하게 하는 분류기의 저항값을 설계할 수 있다. 여기서 R_1은 회로저항, R_2는 전류계의 삽입저항으로 내부저항이 된다. 정전류 I는 $\frac{E}{R_1} > \frac{E}{R_1+R_2}$가 되어 감소하게 된다.

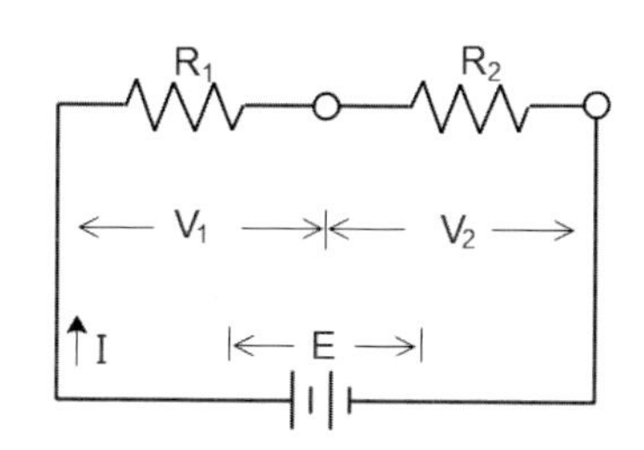

그림 4.18. 전압계의 내부저항과 전류

4.3.5. 저항 측정

(1) 실험 내용

저항계의 원리에 대한 실습과 함께 저항계의 설계 및 측정 오차의 발생에 대하여 실험을 통하여 이해한다.

(2) 실험 준비

저항계는 일반적으로 옴 미터(Ohm meter)라고 말한다. 이 회로의 구성은 전압전류계와 유사한 점이 있으며, 회로는 미터와 0Ω 배율기, 범위 분류저항 및 DC source(또는 축전지) 등으로 구성된다. 실제에 있어서 미터의 감도는 보통 50 μA~1 mA(FS)의 것으로, 그 내부저항은 대개 500 Ω~1 kΩ 의 것을 사용하고 있다. 저항계가 일반적인 전압계나 전류계와 크게 다른 점은, 전류계나 전압계에서는 미터에 전혀 전류가 흐르지 않는 상태가 “0” V 또는 “0” A이다. 그러나 저항계에서는 미터 FS의 전류가 흐르는 상태가 바로 “0”

Ω 인 것이다. 따라서 어떤 피측정 저항으로 인해서 미터가 얼마나 FS에 못 미치는가에 따라 저항값이 정해지도록 만드는 것이 옴 미터(Ohm meter)이다. 또한 저항계의 특징은 피측정 접합체(또는 저항회로)에 저항계로부터 전류를 흘려줄 수 있는 직류(DC) 전원을 갖고 있어야 한다. 그러므로 보통 휴대용 저항계로부터 전류를 보내줄 수 있는 직류(DC) 전원을 갖고 있어야 한다. 그러므로 보통 휴대용 저항계는 축전지를 내장하고 있다. 회로의 예를 들어 설명하면, 미터 감도는 1 mA FS, 내부저항은 1 kΩ 일 경우, 만약 축전지는 3 V를 사용한다면 1~5회로의 단자가 short 상태일 경우 "0" Ω 과 미터의 지시는 1 mA(FS)를 실험하는 내용이다.

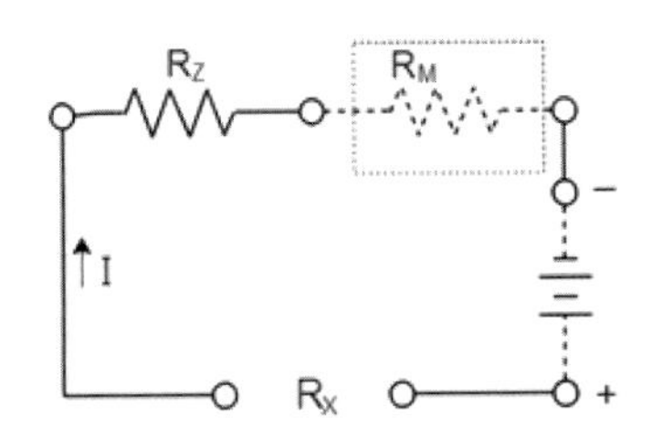

그림 4-19. 저항 측정 회로의 구성

(3) 실험 진행

① 저항 측정의 0 Ω calibration, breadboard에 저항회로의 구성과 미터를 연결한다.

② 직류(DC) 전원공급기의 출력전압을 정확히 정해진 입력 V로 조정하여 breadboard 보드 좌측 회로의 축전지 기호의 양극(+)과 음극(−)단자에 연결한다.

③ 미터의 지시가 0 Ω 을 지시하도록 직류(DC) 전원공급기를 조절한다.

④ 적용하기 위한 저항을 연결하고, 미터의 전류 지시값을 확인한다. 지시된 전류값이 계산결과와 일치하는지 확인한다.

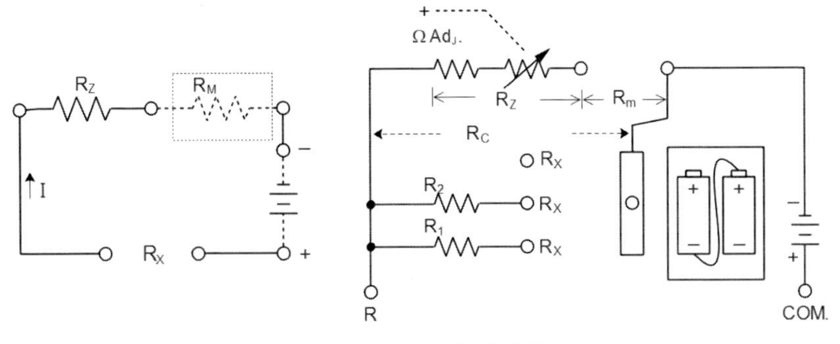

그림 4-20. 저항 측정기

⑤ 디지털 멀티미터의 전압 범위를 20 V로 하여 저항 2 kΩ 이 연결된 양 단자에 연결한다. 이때 2 kΩ 의 양단 전압은 얼마인가? 이 측정된 전압을 가지고 2 kΩ 에 흐르는 전류를 계산한다.

(4) 실험결과의 이해

저항 계측기는 그 자체의 측정 원리상 피측정 저항체에 전류를 보내게 되는데, 고저항 측정기의 경우는 고압전류가 피측정체에 작용하기 때문에 이에 유의하여야 한다.

(5) 멀티미터의 ohm 측정계의 원리

① Breadboard의 저항기 실험용 회로에 단자를 연결한다. 다음 측정 입력 단자 R과 COM 단자를 short시켰을 때 측정 단자회로 전류는 몇 mA인지 확인한다. 단, 0 Ω 조정은 미터가 "0"을 지시하도록 한 상태이며, 축전지의 전압은 3 V이다.

② 측정 전압단자 R과 COM을 short시키지 말고, 여기에 디지털 멀티미터의 전류 범위를 직류(DC) 200 mA로 하여 연결한다. 그리고 계산값과 측정값을 확인한다.

③ 10 mA 정도를 측정하면서 디지털 멀티미터의 전류 범위를 200 mA로 한 이유는 전류계의 입력저항(삽입저항)이 20 mA 범위에서보다 적기

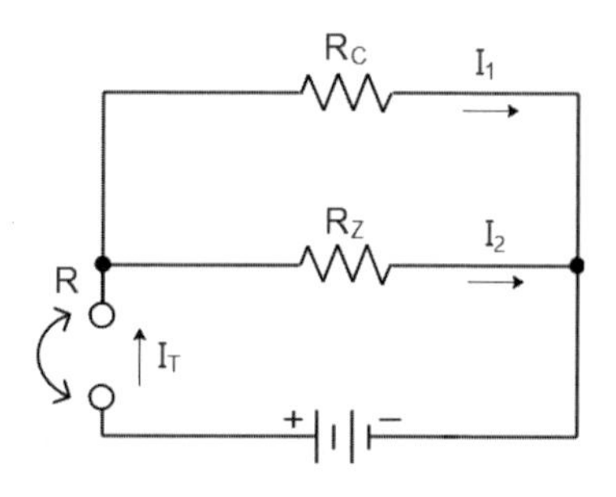

그림 4-21. 멀티미터의 저항 측정

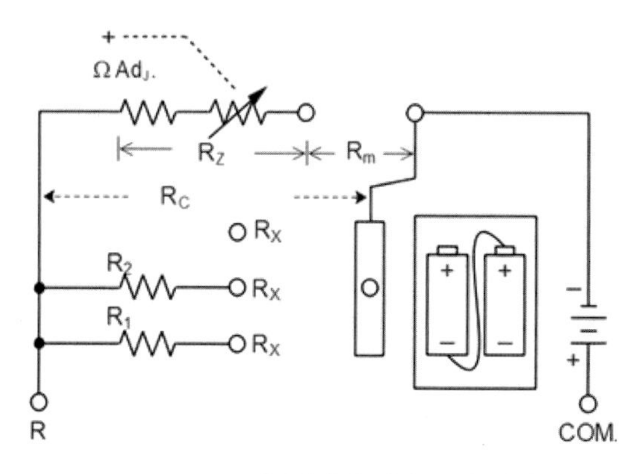

그림 4-22. 멀티미터의 저항 측정 원리

때문이다. 즉, 이는 가능한 회로의 R과 COM 단자를 쇼트에 가까운 상태에서 측정 단자의 회로전류를 측정하기 위해서이다. 또한 저항계의 축전지는 3 V로 되어 있으나 사용 상태에 따라 2.8 V~3.3 V이므로 회로전류는 약간 차이를 나타낼 수 있다. 만약 축전지의 전압이 낮으면 R단자와 COM 단자를 short시켰을 때 "0" Ω 조정이 되지 않을 것이다. 따라서 축전지 전압이 3 V 이하이면 용량을 충족하는 것으로 교환한다.

4.3.6. 커패시턴스

(1) 콘덴서의 연결 방법과 용량 계산법

병렬연결은 용량 부족 시 큰 용량의 콘덴서로 만들거나, 바이패스하면 오디오의 음질, 음색의 조절 및 임피던스, 응답 속도가 향상된다. 단, 3개 이상을 병렬 바이패스하는 것은 좋지 않은 것으로 보인다.

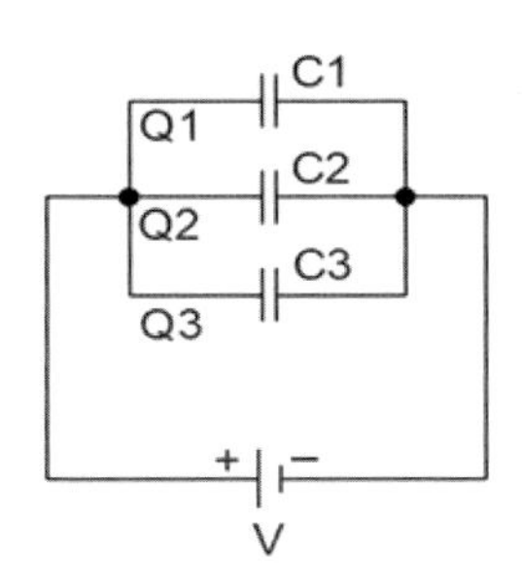

그림 4-23. 콘덴서 용량 측정 회로도

전하량은 다음과 같이 합성 정전용량은 C [F]로 계산된다.

$$Q = Q_1 + Q_2 + Q_3$$
$$Q = C_1V + C_2V + C_3V$$
$$= (C_1 + C_2 + C_3)V$$
$$C = C_1 + C_2 + C_3 [F]$$

(2) 이론 내용

① 병렬연결

2 [μF] 2개, 1 [μF] 1개를 그림 4-23과 같이 병렬로 연결하여 40 [V]를 가할 때의 합성 용량과 각 콘덴서에 축적되는 전하를 구하도록 한다. 합성 용량은 다음과 같이 얻어지며, 각 단에 걸리는 전압은 동일하다.

$$C = C_1 + C_2 + C_3 = 2 + 2 + 1 = 5\,[\mu F]$$

$$Q_1 = C_1 V = (2 \times 10^{-6}) \times 80\,[\mu C]$$

$$Q_1 = C_1 V = (2 \times 10^{-6}) \times 40\,[\mu C]$$

$$Q_2 = C_2 V = (2 \times 10^{-6}) \times 40\,[\mu C]$$

$$Q_3 = C_3 V = (2 \times 10^{-6}) \times 40\,[\mu C]$$

② 직렬연결

허용전압이 낮아서 높은 내압의 콘덴서를 구할 수 없을 때, 즉 콘덴서의 허용전압을 높이기 위해 사용하며, 콘덴서의 용량은 감소된다.

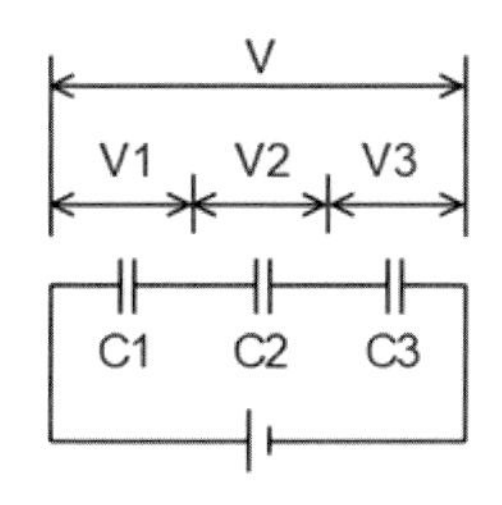

그림 4-24. 콘덴서의 직렬연결

합성 정전용량 C [F]는 다음과 같이 얻어진다.

$$\frac{1}{C} = \frac{1}{C_1} + \frac{1}{C_2} + \frac{1}{C_3}\,[F]$$

$$V = V_1 + V_2 + V_3$$

$$V = \frac{Q}{C_1} + \frac{Q}{C_2} + \frac{Q}{C_3}\,[F]$$

$$= Q\left(\frac{1}{C_1} + \frac{1}{C_2} + \frac{1}{C_3}\right)$$

$$V = \frac{Q}{C}\,[V]$$

2 [μF] 2개, 1 [μF] 1개를 그림 4-24와 같이 직렬로 연결하여 1000 [V]를 가할 때의 합성 용량과 각 콘덴서에 축적되는 전하량 및 각 콘덴서의 전압을 구한다. 합성 용량은 다음과 같이 얻는다.

$$\frac{1}{C}=\frac{1}{C_1}+\frac{1}{C_2}+\frac{1}{C_3}=\frac{1}{2}+\frac{1}{2}+\frac{1}{1}=\frac{4}{2}\,[F]$$

$$C=\frac{2}{4}=0.5\,[\mu F]$$

전하량과 전압은 다음의 식으로 구해진다.

$$Q=CV=(0.5\times10^{-6})\times1000=500\,[\mu C]$$

$$V_1=\frac{Q}{C_1}=\frac{500\times10^{-6}}{2\times10^{-6}}=250\,[V]$$

$$V_2=\frac{Q}{C_3}=\frac{500\times10^{-6}}{2\times10^{-6}}=250\,[V]$$

$$V_3=\frac{Q}{C_3}=\frac{500\times10^{-6}}{1\times10^{-6}}=500\,[V]$$

③ 정전에너지

콘덴서에 전압을 가하여 전하를 충전하고, 이를 저항과 같은 부하를 통해 방전시키면 부하에서 열에너지가 발생한다. 이것은 콘덴서의 충전으로 에너지가 저장되었다가 저항에 공급되었기 때문이다. 이와 같이 콘덴서에 축적되는 에너지를 정전에너지(electrostatic energy)라 한다. 정전에너지(W)의 크기는 다음 식과 같이 콘덴서 용량과 공급전압의 제곱에 비례한다. 정전에너지는 전기 용접에서 스폿(spot) 용접 등에 이용되며, 에너지는 다음의 식이 된다.

$$W=\frac{1}{2}CV^2\,[J]$$

④ **정전 흡인력**

콘덴서가 충전되면 양극판 사이의 양·음전하에 의해 흡인력이 발생한다. 단위 면적당 정전 흡인력 $F_o[N/m^2]$는 $F_o = \frac{1}{2}\epsilon_0 V^2 [N/m^2]$가 되며, 이 식과 같이 작용하는 힘은 전압의 제곱에 비례한다. 이 원리는 정전 전압계, 먼지 등의 작은 입자를 제거하는 정전 집진 장치, 정전 기록 및 자동차 등의 정전 도장에 이용되고 있다.

(3) 실험 내용

① **실험 목적**

항공 전기전자에 사용되고 있는 축전기(capacitor 또는 condenser)에 대하여 실험을 통해 전기용량을 알아본다.

② **원리**

축전기는 원래 커패시터(capacitor)가 더 정확한 말이지만 요즘은 콘덴서(condenser)란 말도 많이 사용된다. 둘 중 어느 것을 써도 상관없다. 그러나 이하 커패시터로 사용하도록 하고 그 기원을 알아본다.

그림 4-25. 라이덴 병

③ **커패시터의 기원**

18세기경 네덜란드 Leyden 대학교의 뮈센브루크(Pieter van Musschenbroek)와 독일의 클라이스트(Ewald Georg von Kleist)가 같은 시기에 각각 독자적으로 발명했던 라이덴 병(Leyden jar)으로 거슬러 올라갈 수 있다. 이 라이덴 병은 하전(荷電)을 축적해서 방전실험을 하는 장치이다. 전자기학의 초창기에 많이 이용된 것으로, 셸락(shellac) 등을 칠하여 절연이 잘된 유리병의 안쪽과 바깥쪽에 주석 금속판을 붙여서 만든 것인데, 코르크 병마개를 통하여 사슬이 달린 금속 막대를 늘어뜨려 안쪽의 주석 금속판에 사슬이 닿아 연결되도록 해 놓았다. 그리고 금속 막대기 위의 끝에다가는 금속의 구슬을 붙여놓는 것이다. 여기에 전기를 저장하려면, 예컨대, 유리 막대를 명주 헝겊으로 문지르면 유리 막대는 (+)로 대전하게 되는데, 이 유리 막대를 라이덴 병 마개 위에 있는 금속 구슬에 접촉시키면 된다. 이렇게 해서 라이덴 병의 안쪽 주석판에는 (+)전기가 저장되고, 이 전기는 유리를 사이에 둔 바깥쪽 주석판의 (−)전기와 서로 잡아당기게 되어 결국은 도망칠 수 없게 된다. 유리 막대의 (+)전기를 반복해서 라이덴 병에 모으면 수만 볼트의 전기도 저장할 수 있는 것이다. 저장된 전기를 방전시키려면 병뚜껑 위의 금속 구슬과 병 바깥쪽의 주석판을 철사로 연결시키면 된다. 그러면 유리 막대의 전기는 라이덴 병의 중앙을 통해 안쪽의 주석 금속판으로 퍼져 나가게 된다. 한편 라이덴 병의 바깥쪽 주석판에는 정전유도현상에 의해 (−)전기가 나타난다. 이 라이덴 병의 발명으로 정전기 연구에 커다란 진보가 있게 되었다.

커패시터는 유전체 속에 전하를 축적시킬 수 있는 소자이다. 그림 4-27에서 금속판 A, B는 처음에는 전기적으로 중성인 상태이다. 여기에 축전지가 접속되면 음극에서 전자가 방출되고, 양극에서는 정전유도현상에 의해서 전자를 모으게 된다. 이때 금속판 A는 음전하로 대전되고, 금속판 B는 전자가 부족하여 양으로 대전되게 된다.

커패시터의 구조는 기본적으로 2개의 도체로 된 극판 사이에 유전체라 불리는 절연체가 끼워져 있다. 유전체로는 종이, 운모, 유리, 세라믹, 전해질 등과 같은 절연체를 사용하고 있다.

만약 커패시터에 축적된 전하를 Q, 커패시터에 인가된 전압을 V라고 하면

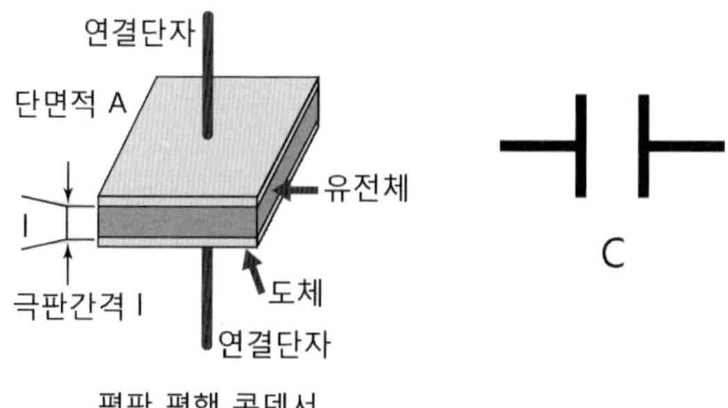

그림 4-26. 커패시터의 구조 및 기호

Q=CV이고, 앞서 나왔던 C가 여기에서도 등장한다. 여기에서 비례상수 C는 전극이 전하를 축적할 수 있는 능력의 정도를 나타내는 상수로서, 정전용량(capacitance)이라고 한다. 즉, 정전기적 용량(electrostatic capacity)이란 유전체의 전하 축적능력을 의미하는 것이라고 할 수 있다. 이 정전용량의 단위는 패럿(farad)으로 기호로는 F로 나타낸다. 그러나 이 F(farad)도 너무 큰 단위이기 때문에 보통 기본 단위로 pF(pico farad)을 많이 사용한다. 이 1 F의 정전용량은 1V의 전압을 커패시터에 인가했을 때 1 C의 전하가 축적된 경우의 값이라고 할 수 있다.

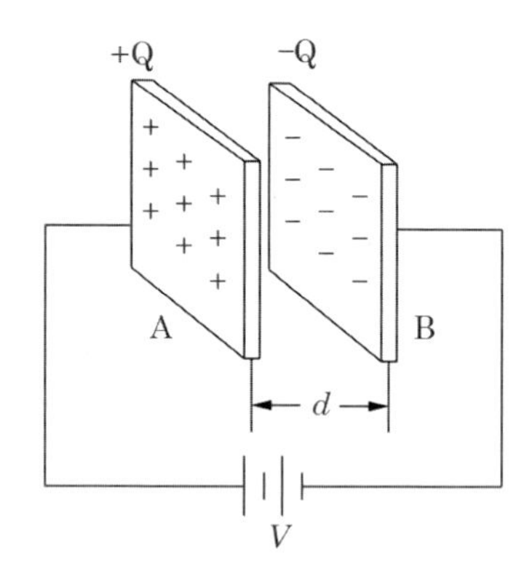

그림 4-27. 커패시터의 정전용량

커패시터의 정전용량 C는 $C = \epsilon_0 \frac{S}{d}$로 쓸 수 있다. 여기에서 ϵ은 유전율(permittivity, F/m)이며, S는 극판의 면적(m^2), d는 극판 사이의 간격(m)이다. 이 수식에 따르면 커패시터의 용량을 결정하는 세 가지는 극판의 면적, 극판 간의 간격, 유전율체로 사용된 재료임을 알 수 있다.

그러므로 커패시터의 정전용량 C를 크게 하는 방법은 금속판의 면적을 넓게 하는 방법, 금속판 사이의 간격을 좁게 하는 방법, 금속판 사이에 넣는 절연물을 비유전율이 큰 것으로 사용하는 방법이 있다. 만약 두 장의 금속판이라도 그 간격을 반으로 하면 정전용량 C는 2배가 되며, 금속판의 면적을 2배로 하면 역시 정전용량은 2배가 된다. 따라서 정전용량은 극판의 면적에 비례하고 극판의 간격에 반비례함을 알 수 있다.

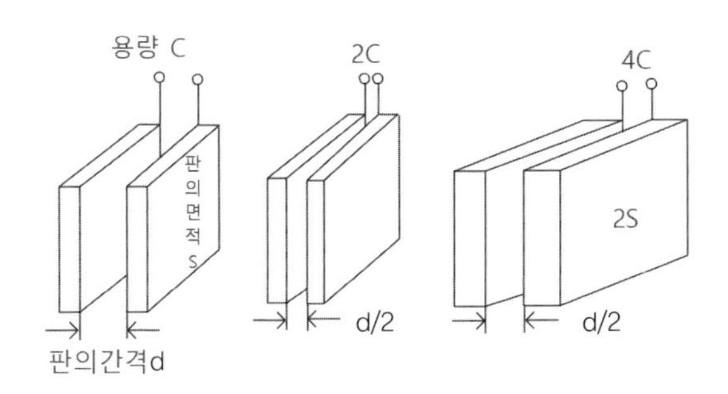

그림 4-28. 극판의 면적과 정전용량

여기에서 주의해야 할 점이 있다. 만약에 금속판의 극히 작은 일부라도 접촉되면 당연히 정전용량은 0으로 된다. 따라서 종이와 같은 절연물을 넣으면 판이 접촉하는 것을 방지하면서 유전율을 높여 정전용량을 크게 할 수 있게 된다.

그림 4-29(a)는 두 금속판 A, B 사이에 공기가 있는 상태이며, 이때의 정전용량은 C_0이다. 그림 4-29(b)는 유전체를 집어넣었을 때이며, 이때의 용량은 ϵ_r배 증가하게 된다. 이 비유전율은 크기나 형상에 관계없으며 유전체의

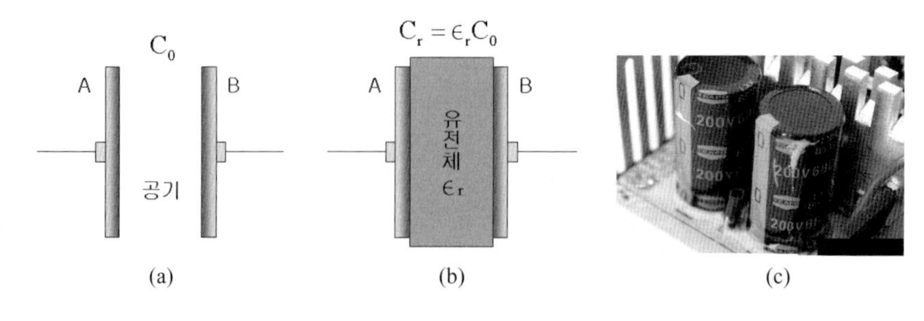

그림 4-29. 유전체와 정전용량

종류에 따라 정해진다. 커패시터의 정격 전압은 극판 사이의 간격과 유전체의 재료에 의해 결정된다. 즉, 극판 사이의 거리가 짧을수록 유전체는 인가전압에 의하여 쉽게 파괴된다. 따라서 고압에 적용하는 커패시터는 극판 사이의 간격이 커야 하며, 동일한 정전용량을 유지하기 위해서 극판의 면적을 키워야 하기 때문에 자동적으로 부피가 증가하게 된다. 그림 4-29(c)는 고압에 적용 가능한 커패시터이다. 용량은 680 μF이며 정격전압은 200 V이다. 그러므로 크기가 큰 것을 알 수 있다.

④ 커패시터의 연결

커패시터를 직렬연결한다면 이 직렬연결된 커패시터에 축적되는 전하량은 커패시터의 정전용량에 상관없이 일정하다. 이때 각 커패시터의 전압과 정전용량, 충전된 전하량과의 관계식을 이용해야 한다.

합성 정전용량은 각 커패시터의 정전용량을 합한 것과 같다. 또한 합성 정전용량은 가장 큰 커패시터의 정전용량보다도 항상 더 크게 된다. 커패시터를 병렬로 연결하게 되면 유효 극판면적이 증가하게 된다. 또한 전체 회로의 정격전압은 병렬연결된 커패시터 중에서 정격전압이 가장 작은 값과 같게 된다. 그리고 전해 커패시터를 병렬로 연결할 경우에는 전해질의 극성이 같은 것끼리 서로 연결되도록 하여야 한다. 그 이유는 전해 커패시터는 극성이 존재하기 때문이다.

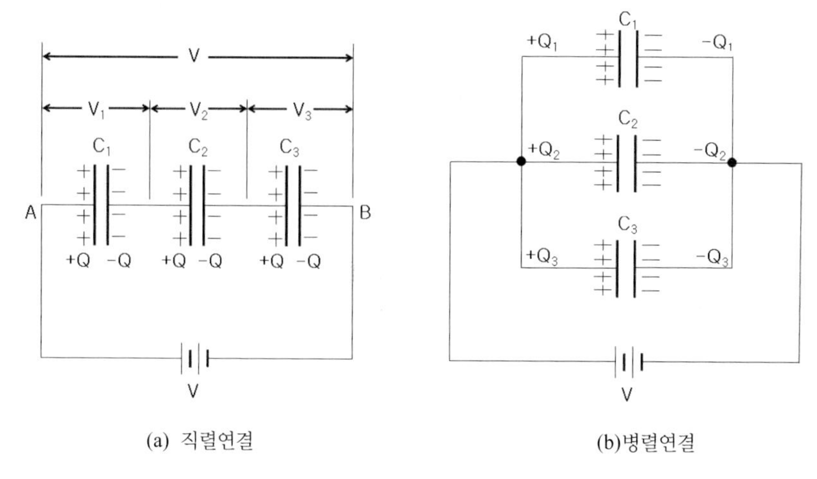

(a) 직렬연결 (b)병렬연결

그림 4-30. 커패시터의 연결

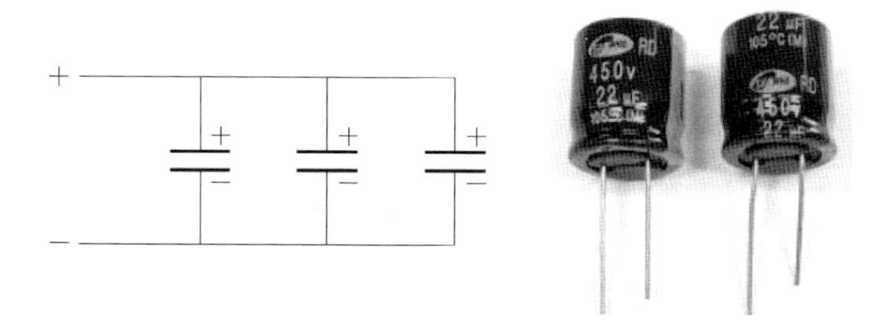

그림 4-31. 전해 커패시터의 병렬연결

(4) 실험장치

커패시터는 극성이 있는 것(예: 전해 커패시터)과 극성이 없는 것(예: 세라믹 커패시터)이 있다. 이번 실험에서는 극성이 있는 전해 커패시터로 실험한다. 이 전해 커패시터는 다리가 긴 쪽이 (+)단자이고 (−)단자 쪽에는 몸통에 − 표시가 되어 있다(그림 4-31). 그림 4-31에서와 같이 전해 커패시터의 몸통에는 이 커패시터의 규격이 적혀 있다. 옆에는 450 V, 22 μF이라고 적혀 있다. 450 V의 의미는 내압이라고도 하며, 이 커패시터에 가해질 수 있는 최대 전압을 나타난다. 만약 이 커패시터에 450 V 이상의 전압이 가해지면 이 커패시터는 견디지 못하고 펑하고 터지게 된다. 그러므로 항상 내압의 범위보다 낮은 전압을 가해야 하며, 또한 정격용량보다 큰 커패시터를 써야 한다. 예를 들어, 지금 회로에 가해지는 전압이 10 V인데 내압이 8 V, 12 V 두 개의 커패시터를 연결한다고 해보자. 그 결과는 예상대로 12 V 용량은 그대로 있으나 8 V 용량은 터지게 된다. 항상 회로의 전압보다 큰 내압의 스펙을 가지고 있는 커패시터를 쓰거나, 커패시터의 내압보다 낮은 전압을 가해야 한다.

이어서, 10 μF의 의미에 대해서 살펴보면 10 μF은 커패시터가 가지고 있는 커패시턴스이다. 요약해 보면, 이 25 V, 10 μF 용량의 전해 커패시터는 가해지는 전압이 25 V 이하에서 쓸 수 있고 10 μF의 전하를 충전할 수 있다는 의미이다. 저항을 연결할 때 쓰는 breadboard는 일명 빵판이라고 한다. 사용법은 그림 4-32를 보면 이해가 될 것이다.

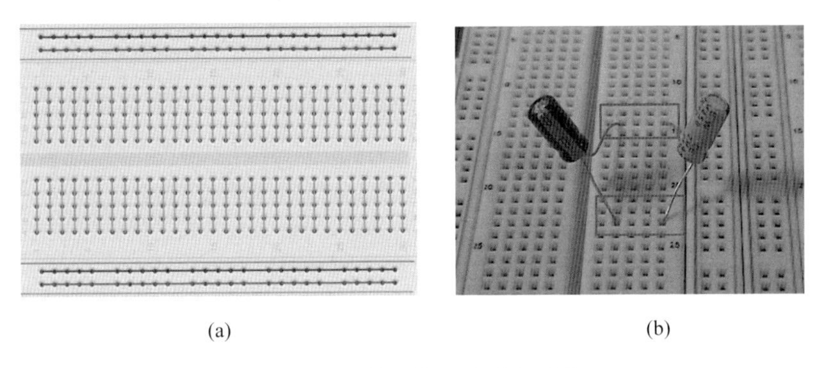

(a) (b)

그림 4-32. Breadboard 회로 설치

이 breadboard는 연결할 수 있는 부분이 그림 4-32처럼 되어 있다. 먼저 맨 왼쪽 연두색 박스와 같은 곳은 한 줄당 가로로 연결할 수 있다. 그리고 빨간색 박스와 같은 곳도 한 줄로 연결할 수 있다. 파란색 박스는 한 줄당 세로로 연결되어 있으며 노란색 박스도 한 줄당 세로로 연결할 수 있다.

이를 자세하게 말해보면, 연두색 박스 안은 한 줄당 가로로 연결할 수 있다고 했는데 각각 가로로 연결되어 있다. 이 선상에는 어느 구멍에 무엇을 꽂든 같은 선상에 연결되게 된다.

회로에 커패시터를 연결하기 전에 먼저 해야 할 단계가 있다. 먼저 커패시터 안에 충전되어 있는 전하를 방전시켜야 한다. 그냥 단순히 손가락으로 두 개의 단자를 동시에 잡아 주고 1~2초 정도만 있으면 된다. 사람의 몸도 도체이기 때문이다.

실제로 한 번 두 개의 커패시터를 병렬연결해 보고 병렬연결에서의 커패시터를 측정해 보자. 그림 4-32(b)와 같이 두 개의 커패시터를 병렬연결한다. 이때 전해 커패시터의 극성에 대하여 주의를 해야 한다. 즉, +쪽은 (+)단자가 있어야 하고 −쪽은 (−)단자가 있어야 한다. 또한 커패시터의 직·병렬 연결 시에도 마찬가지로 (+)단자끼리는 (+)단자끼리 묶어야 하고, (−)단자끼리는 (−)단자끼리 묶어야 한다. 꼭 기억해야 되는 내용이다.

두 개의 커패시터를 병렬로 연결한 후 LCR 미터로 측정하기 위한 jump wire를 연결해 준다.

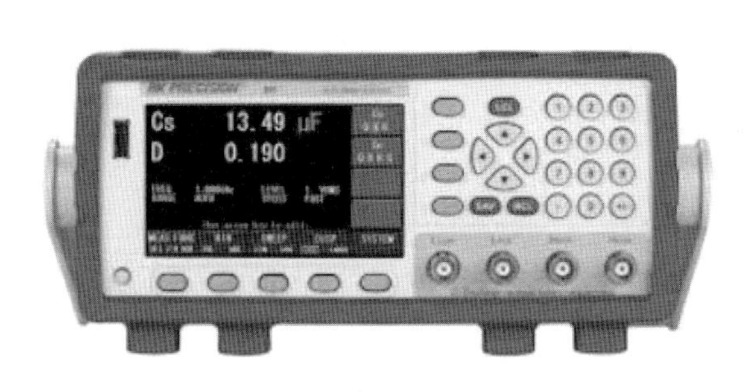

그림 4-33. LRC 미터

(5) 실험 절차

① 그림 4-34는 4.7 μF, 330 μF짜리 전해 커패시터를 병렬연결한 것이다. 이 커패시터의 특성에서 확인했듯이 극성이 있고 또한 회로도를 그릴 때는 이 극성도 표시해야 한다.

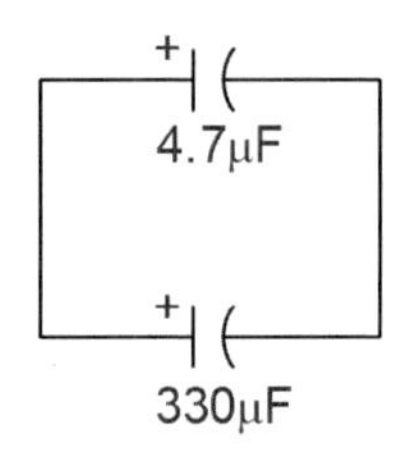

그림 4-34. 커패시턴스 연결 실험

② 반복적으로 측정할 범위는 커패시터 4.7, 10, 100, 220, 330, 470 μF이므로 임의 용량을 갖는 커패시터를 사용한다. 물론 전부 전해 커패시터이다. 즉, 극성이 있으므로 커패시터를 연결할 때에는 반드시 극성에 유의해서 연결해야 한다.

③ 회로도대로 breadboard에 커패시터를 배치한다. 그 후 LCR 미터로 그 합성 커패시턴스를 측정하고, 이론상의 합성 커패시턴스를 배치한 후 오차를 구한다. 단, 4.7, 10, 100, 220, 330, 470 μF 등 여러 종류의 전해 커패시터를 아무 조합이나 만들면 된다. 즉, 흥미 있는 조합의 커패시턴스를 구하면 된다.

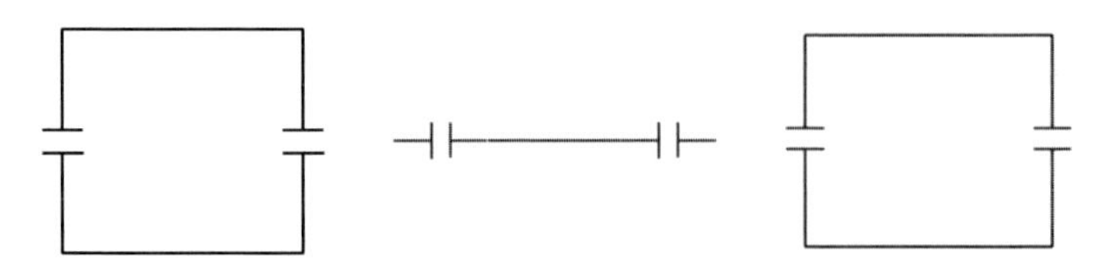

그림 4-35. 2개의 커패시터 연결

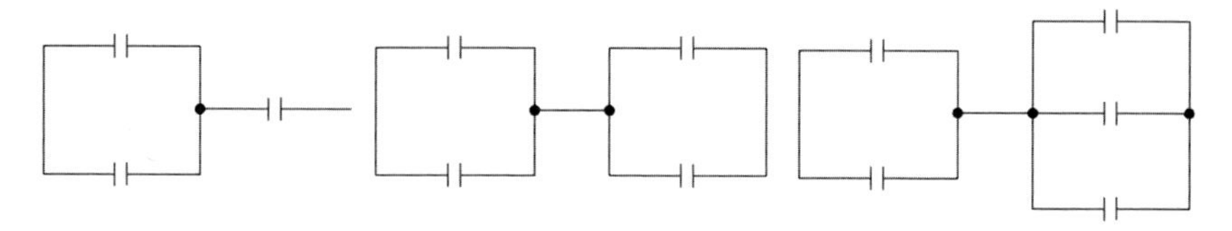

그림 4-36. 다중 커패시터 연결

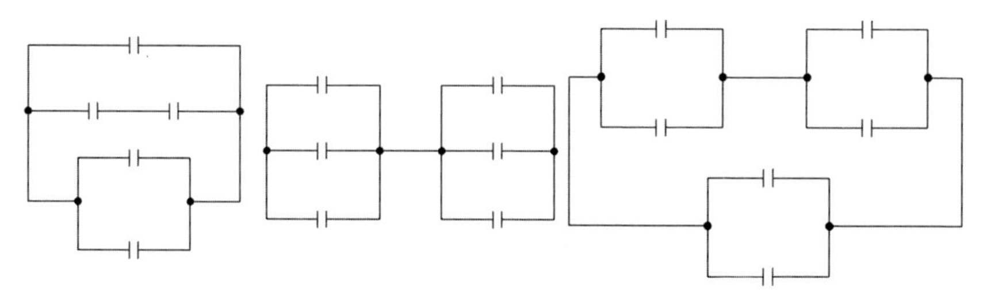

그림 4-37. 복합 커패시터 연결

(6) 실험결과의 이해

① 실험을 통하여 이론에 의한 계산과 실험 측정과의 오차는 왜 발생되는지, 실제 커패시터를 사용 시 주의할 사항은 어떠한 것이 있는지, 또한 커패시터의 용도는 무엇인지에 대하여 이해의 폭을 넓히는 것이 좋다. 주로 어떤 곳에서 커패시터를 쓰는가에 대하여 자료를 찾고 다양한 의견을 작성한다.

② 커패시터의 종류와 각각의 용도에 대해서 조사하고 그 결과를 작성한다.

4.3.7. 코일

(1) 코일의 개요

① 코일(coil)을 나타내는 용어는 부품으로 인덕터(inductor)를 의미한다. 특성은 인덕턴스(inductance), 도선을 나선형으로 감아 놓은 것 또는 그와 같은 부품을 말한다. 단위는 헨리 [H]이고, 전기회로에 사용 시 마이크로헨리[μH]~헨리[H]까지 사용한다.

② 코일에 전류가 흐르면 자속이 발생한다. 특히 교류전류가 흐르면 코일에서 발생하는 자속의 방향이 교류 극성에 따라 변화하는데, 코일이 1개일 때 전류가 흘러 자속이 변하면 전자 유도작용에 의하여 자속을 방해하려는 방향으로 유도 기전력이 발생한다. 코일의 자기 유도능력의 정도는 자기 인덕턴스(self-inductance)로 나타낸다. 코일이 2개일 때 1차 코일에 전류를 가해 자속이 발생하면, 다른 코일(2차)에서 이를 방해하려는 방향으로 기전력이 발생한다. 상호 유도작용(mutual induction)은 자속의 변화에 대하여 2차 코일에 유도 기전력이 발생하는 것이다. 또한 그 정도를 상호 인덕턴스로 표시한다.

③ 1 [H] 단위는 자기 인덕턴스의 경우, 전류의 변화율이 1 [A/s]일 때 1 [V]의 기전력을 발생하는 경우이다. 상호 인덕턴스의 경우 코일에 매 초[s]당 1 [A]의 비율로 전류가 변화할 때, 다른 쪽의 코일에 1 [V]의 기전력을 유도하는 두 코일 간의 상호 인덕턴스를 나타내는 양이다.

(2) 코일의 종류

① 코일에 전류를 가하면 전자력이 발생하는데, 이 힘을 이용하는 릴레이(relay), 또는 원통에 도선을 여러 번 감은 솔레노이드(solenoid)가 있다.

② 교류전류를 저지하는 초크 코일로 사용하는 라디오 주파수 변환기(radio frequency converter, RFC)가 있다. 라인필터는 선로를 다중적으로 이용하는 경우 적당한 그룹으로 나누어 송수신하는 데 사용하는 필터이다.

③ 콘덴서와 조합은 동조회로나 밴드 패스 필터 등의 공진회로로 사용한다.

④ 코일 간의 상호 인덕턴스를 적용하는 중간 주파수 변압기(intermediate frequency transformer, IFT)는 수신기에서 수신 주파수를 낮추어 수신기의 감도와 안정성을 좋게 할 수 있고, 중간 주파수 증폭회로와 같이 증폭회로에 사용되는 것이 트랜스이다.

⑤ 인덕터 에너지가 축적되는 것을 이용하는 스위칭 레귤레이터(switching regulator)가 있다.

(3) 권선을 감는 방법에 따라 구분

① 원형 솔레노이드는 코일을 나선상으로 감은 것이다.

② 스파이더 코일은 평면 내에 도선이 감겨 있는 구조로, 라디오 등에 사용한다. 최근에는 라디오에 평면 코일, 칩 코일 등이 사용된다.

③ 고주파 트랜스는 트랜지스터 라디오 등의 발진용, 중간 주파수(455 [kHz])의 동조에 사용된다.

④ 트로이달(toroidal) 코일은 중심의 코어부가 나사 모양으로 되어 있어 인덕턴스 값을 변화시킨다. 코일의 감은 수를 바꾸지 않아도 인덕턴스를 변화시킬 수 있다. FM 라디오의 튜너부 등은 87.5 [MHz]~108 [MHz] 부근의 고주파를 취급하기 때문에 코어에 감으면 인덕턴스 값이 너무 커지므로 공심 코어를 사용하며, 코일의 권선 간격을 변화시켜 조절한다. 차폐 상자 또는 실드 케이스와 같은 금속 케이스에 수납하며, 고주파용이므로 반드시 접지(earth)에 연결한다.

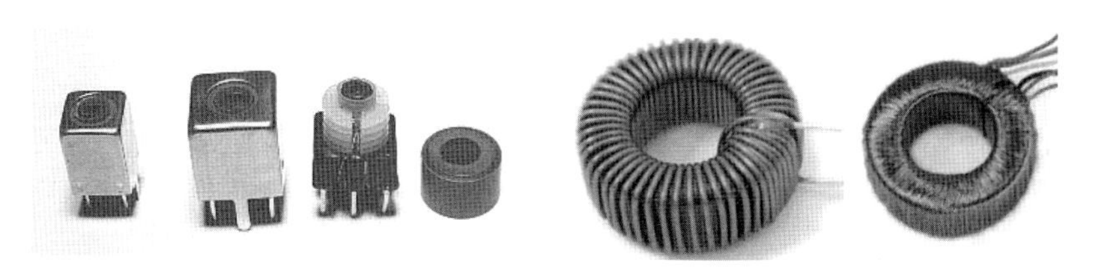

그림 4-38. 트로이달(ring) 코일

(4) 코일의 성질

① 전류의 변화를 안정시키려고 하는 성질이 있다. 렌츠의 법칙(Lenz's law)에 따라 전류가 흐르려고 하면 코일은 전류의 흐름을 방해하고, 전

류가 감소하면 이를 계속 유지하려고 하는 성질이 있다.

② 전자 유도작용에 의해 회로에 발생하는 유도전류는 항상 자속의 변화를 방해하는 방향으로 흐른다. 코일은 직류를 잘 흐르게 하기 때문에 교류로부터 직류로 변환하는 정류회로의 평활 회로용으로 사용된다.

③ 교류를 정류기에 의해 직류로 변환하는 경우, 교류 성분이 많은 불완전한 직류(맥류, ripple)가 된다. 맥류는 (−)전압은 없어지지만, 0 [V]와 (+)전압을 왕래하는 것을 의미한다.

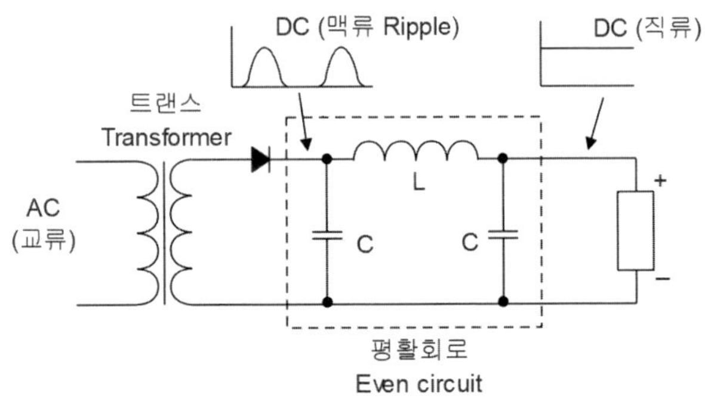

그림 4-39. 코일의 응용

④ 평활회로는 콘덴서와 코일을 조합한 회로를 사용하면 코일이 전류의 변화를 저지하려는 작용을 하고, 콘덴서는 입력전압이 0 [V]로 되면 그 순간 자신이 축적한 전기를 방출하기 때문에 안정한 직류를 얻을 수 있다.

⑤ 상호 유도작용이 있다. 변압기(transformer)는 두 코일을 가까이 하면 한 쪽 코일의 전력을 다른 쪽 코일에 전달하는 성질을 이용한다. 전력을 공급하는 쪽 코일(입력)을 1차측, 전력을 꺼내는 쪽(출력)을 2차측이라고 하면, 1차측 감은 수와 2차측 감은 수의 비율에 따라 2차측의 전압이 변화한다.

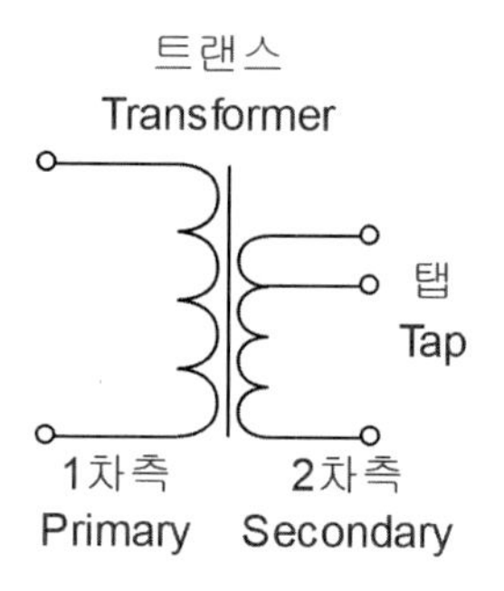

그림 4-40. 코일의 트랜스포머 응용

전원 트랜스 등은 2차측에서 권선의 도중에 선을 내어(tap) 복수의 전압을 얻을 수 있도록 한 것이 많다.

⑥ 전자석 성질을 이용하여 계전기에 응용한다. 계전기(relay)는 코일에 전류를 흘리면 철이나 니켈을 흡착하는 자석의 성질을 띠는 것을 이용한다.

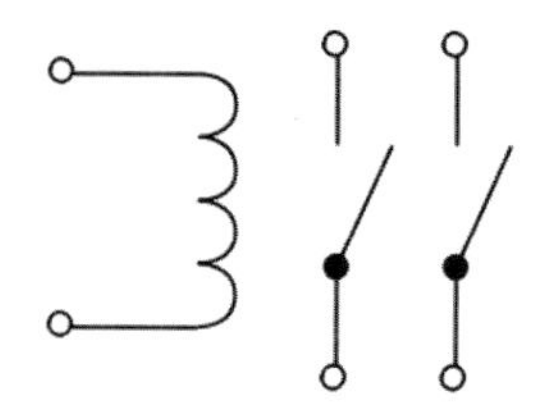

그림 4-41. 코일의 릴레이 응용

즉, 전류가 흐를 때 철판을 끌어당겨 철판에 부착된 스위치를 닫도록 하는 것이다. 계전기를 이용하는 것은 가정용 대문 개폐기, 차임벨, 스피커 등이 있다.

⑦ 공진하는 성질이 있다. 공진은 진동체가 그 고유 진동수의 진동을 받으면 에너지가 용이하게 전달되어 큰 진동으로 되는 것이다. 코일과 콘덴서를 조합하면 특정한 주파수만을 통과시키기 위하여 사용되는 필터 회로에 사용된다. 또, 어떤 주파수의 교류전류는 쉽게 흐르기도 한다.

라디오의 방송국을 선택하는 튜너는 이 성질을 이용하여 필요한 방송의 주파수만을 선택할 수 있는 것이다.

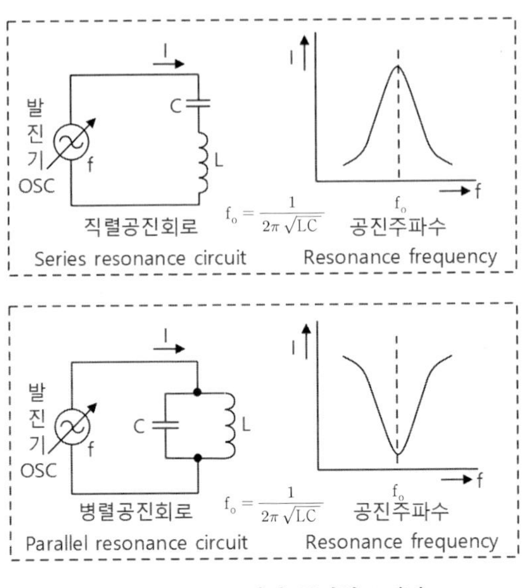

그림 4-42. 코일의 공진회로 응용

⑧ 전원 노이즈(noise) 차단 기능이 있다. 전류의 변화를 안정화시키는 기능을 이용하여 외부로부터 유입되는 노이즈(잡음 성분, 불규칙 주파수 성분의 교류)를 효과적으로 차단하는 기능을 가지고 있다.

⑨ 인덕턴스는 특성으로 권선으로 흐르는 전류의 시간 변화량과 권선 양단에 발생하는 기전력의 비로서 표시된다. 코어에 감은 코일의 인덕턴스는 코어재의 투자율이 어느 주파수를 넘으면 저하하므로 변동하면 손실도 증가한다. 그 투자율이 저하하기 시작하는 주파수는 자력이 투과하는 정도의 비율, 투자율에 반비례한다. 공진회로에 사용할 경우에는 비교적 투자율이 낮고, 사용 주파수 내에서는 투자율이 일정한 재질의 코어를 사용한다.

Chapter

5

항공 전기전자 회로 실험실습

5.1. 항공 전기전자 회로 실험실습

항공기 조명 계통에 관한 회로와 실험실습을 한다. 실험을 위한 준비 재료는 표 5-1에서와 같이 요약한다. 항공기 조명 계통 회로도와 부품의 소자는 다음과 같이 각각 주어진다.

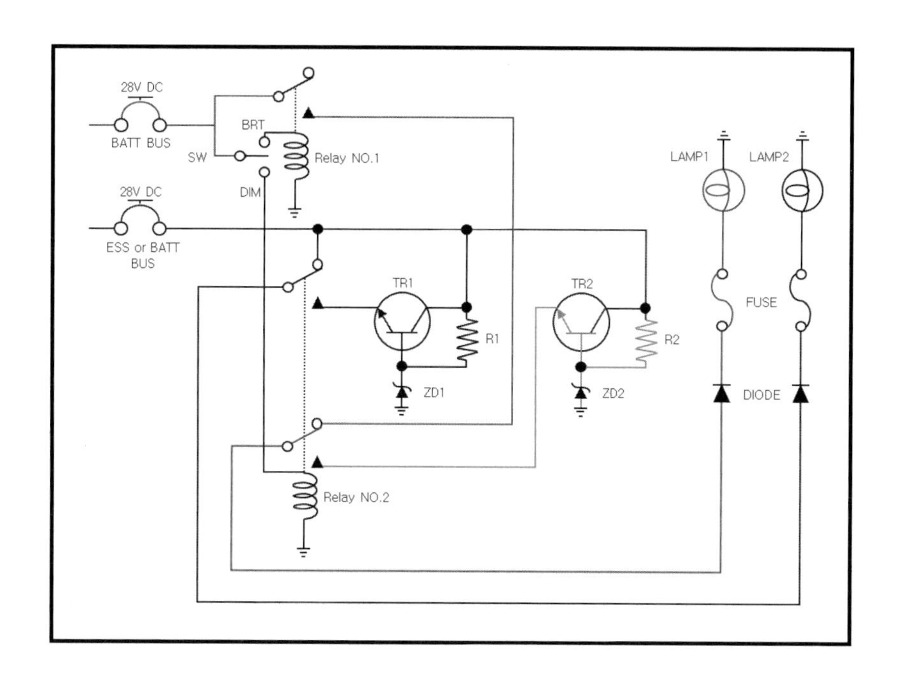

Breadboard에서 작동 점검은 다음과 같이 수행된다. ① BATT BUS로 전원을 공급할 경우, S/W 1이 Neutral일 경우 Relay 1, 2와 Lamp 1, 2는 변화가 없다. S/W 1이 Bright일 때 Relay 1이 작동하고, Lamp 1이 ON(Bright)된다. S/W 1이 Dim일 때 Relay 2가 작동하고, Lamp 1, 2는 OFF된다. ② ESS 혹은 BATT BUS로 전원 공급할 경우, S/W 1이 Neutral일 경우 Relay 1, 2는 작동하지 않고, Lamp 2는 ON(Bright)된다. S/W 1이 Bright일 때 Relay 1이

표 5-1. 항공기 조명 계통 부품 소자 목록(a)

순번	품명	규격	수량(EA)
1	Breadboard	20×40	1
2	실납	2 m	1
3	3색 단선	1 m	1
4	Relay	DC 24 V(8 pin)	2
5	Relay socket	DC 24 V(8 pin)	2
6	Toggle switch	3 pin(small)	1
7	Transistor	C1959	2
8	Resistor	330Ω	2
9	Diode	IN4001	2
10	Zener diode	IN4735	2
11	Lamp	24 V(small)	2

작동하지 않고, Lamp 2는 ON(Bright)된다. S/W 1이 Dim일 때 Relay 1, 2가 작동하지 않고, Lamp 2는 ON(Bright)된다. BATT BUS와 ESS 또는 BATT BUS로 전원 공급할 때, S/W 1이 Neutral일 경우 Relay 1, 2는 작동하지 않고, Lamp 2는 ON(Bright)된다. S/W 1이 Bright일 때 Relay 1이 작동하고, Lamp 1, 2는 ON(Bright)된다. S/W 1이 Dim일 때 Relay 2가 작동하고, Lamp 1, 2는 ON(Dim)된다.

다른 항공기 조명 계통에 대하여 회로도와 소자 목록은 다음과 같이 주어진다.

작동 점검에 대하여 ① S/W가 Neutral인 경우, Lamp 2가 ON(Bright)된다. ② S/W 1을 ON하고, Bright로 놓게 되면 Relay 1이 작동하고, Lamp 1이 ON(Bright)된다. ③ S/W 1을 ON하고, Dim으로 놓게 되면 Relay가 작동하고, Lamp 1이 ON(Bright)된다.

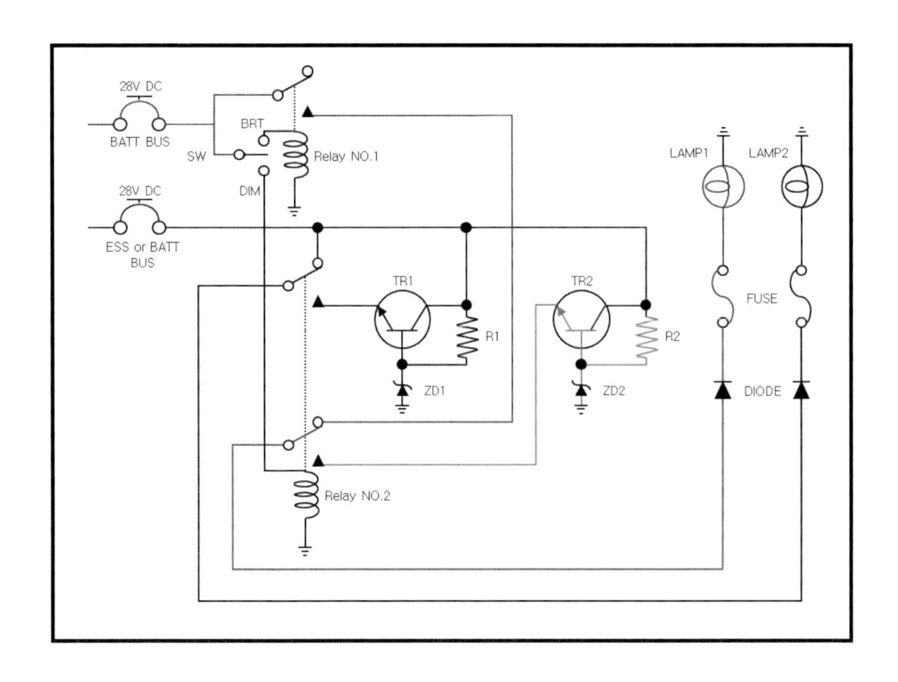

표 5-1. 항공기 조명 계통 부품 소자 목록(b)

순번	품명	규격	수량(EA)
1	Breadboard	20×40	1
2	실납	2 m	1
3	3색 단선	1 m	1
4	Relay	DC 24 V(8 pin)	3
5	Relay socket	DC 24 V(8 pin)	3
6	Push button switch	3 pin(small)	1
7	Toggle switch	3 pin(small)	1
8	Toggle switch	2 pin(small)	1
9	Transistor	C1959	2
10	Resistor	330 Ω	2
11	Diode	IN4001	2
12	Zener diode	IN4735	2
13	Lamp	24 V(small)	2

항공기 공기 흡입구 도어 제어(air inlet door control) 회로도와 소자 품목은 다음과 같이 주어진다.

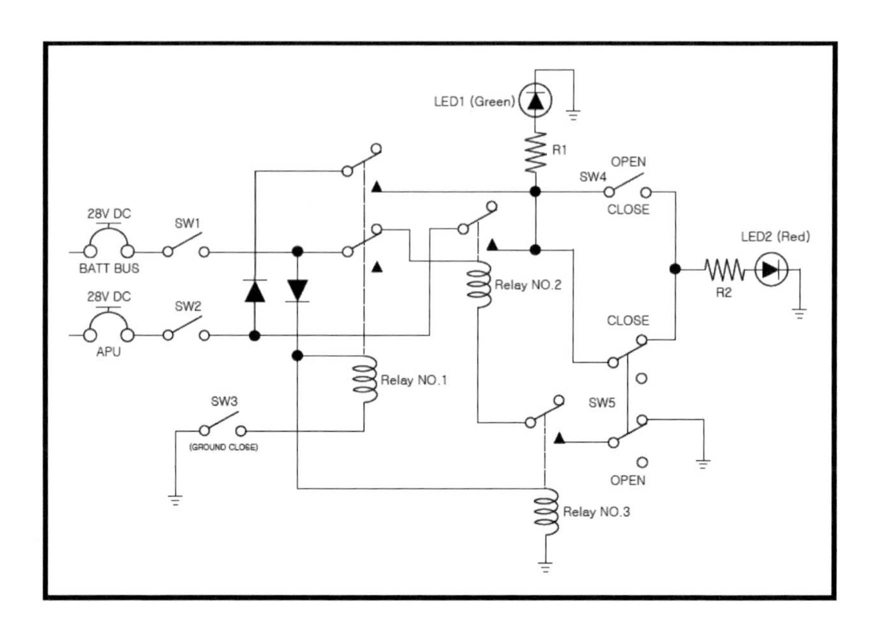

표 5-2. 항공기 공기 흡입구 도어 제어 소자 목록

순번	품명	규격	수량(EA)
1	Breadboard	20×40	1
2	실납	2 m	1
3	3색 단선	1 m	1
4	Relay	DC 24 V(4 pin)	2
5	Relay	DC 24 V(8 pin)	1
6	Relay socket	DC 24 V(8 pin)	4
7	Toggle switch	2 pin(small)	1
8	Toggle switch	6 pin(small)	4
9	Resistor	1.2 kΩ	2
10	Diode	IN4001	2
11	LED	24 V(small)	2

작동 점검에 대하여 지상에서 문을 열 경우, ① S/W 4는 OFF, S/W 5는 ON 상태로 한다. ② S/W 3은 OFF한다. ③ S/W 1과 S/W 2는 ON인 경우 초록색과 빨간색 LED에 불이 켜진다. ④ S/W 3을 닫아도 초록색과 빨간색 LED에 불이 켜진다. ⑤ S/W 1이나 S/W 2 중 한 개의 Switch를 OFF하여도 초록색과 빨간색 LED에 불이 켜진다. 작동 점검에 대하여 지상에서 문을 닫을 경우, ① S/W 1, S/W 2를 OFF한다. ② S/W 4는 Close에 놓는다. ③ S/W 3은 GND STOP(ON)에 놓는다. ④ S/W 1, S/W 2는 "ON" 한다. ⑤ 초록색, 빨간색 LED에 불이 켜진다.

5.2. 변압기와 변압

실험실습은 교류전압을 올리거나 내릴 때 사용되고 있는 변압기(transformer)의 설계와, 이것의 사용법을 실습을 통하여 학습하는 것이다. 교류(AC)의 특징은 변압기에 의하여 간단히 전압을 변환시킬 수 있는 이점이 있다. 그런 반면에 직류(DC)는 복잡한 과정을 거쳐야 한다. 그러나 직류는 충전시킬 수 있는 장점을 가지고 있다. 여기서 교류라 함은 50 cycle과 60 cycle의 전력선 교류뿐만 아니라 음성 주파수 또는 전파까지도 포함된 일반 범위의 주파수를 갖는 전류를 의미한다. 이러한 AC 전압을 승압 또는 강압하는 데에는 교류 주파수의 범위에 따라 변압기(트랜스)의 재질이나 제작 형태 등이 아주 다양해진다. 이를 크게 RF transformer, pulse transformer, AF transformer, power transformer 등으로 구분한다.

일반적으로는 이러한 AF 주파수의 변압기들은 대개 철심을 사용하게 되며, 철심은 그림 5-2에서 보는 바와 같이 1차(primary)의 교류전류에 의하여 발생된 자력선이 2차 코일에 같은 주파수의 교류전류를 발생시키도록 자력선의 자로를 만들어 주는 데 있다. 이는 철심의 종류에 따라 그 효율과 부피에 차이를 갖게 된다. 변압기의 1차 코일과 2차 코일 간에는 1차 코일에 가해진 전압, 1차 코일의 감은 수와, 2차 코일에 나타나는 전압의 관계식이 성립한다.

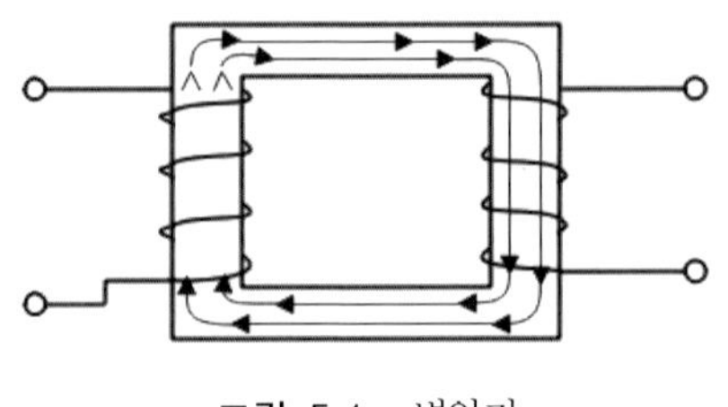

그림 5-1. 변압기

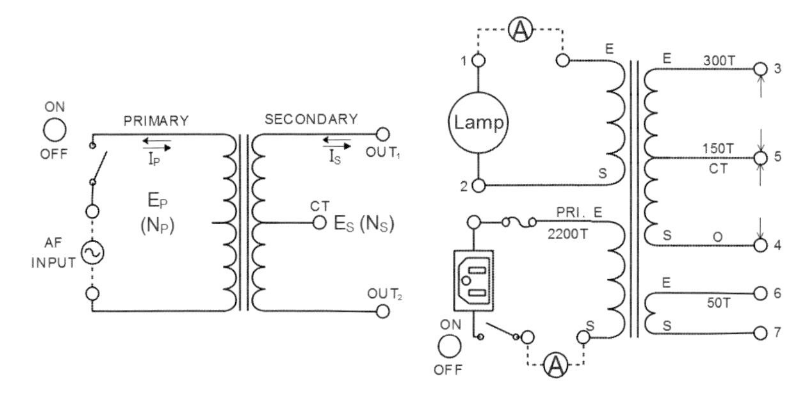

그림 5-2. 변압과 변압기

$$\frac{E_S}{E_P} = \frac{N_S}{N_P}$$

여기서 E_S는 2차 코일에 가해진 전압, E_P는 1차 코일에 가해진 전압, N_S는 2차 코일의 감은 수, N_P는 1차 코일의 감은 수이다. 실험실습을 위해 빵판(breadboard) 실습장치대, 함수 발생기(function generator), 디지털 멀티미터(digital multimeter), 오실로스코프(dual trace), AC 100 V 연결 코드(cord), 회로 연결 코드, 변압기(transformer)와 변압(transformation)회로를 준비한다.

실험 진행 사항으로 실습대에 실습보드 “transformer and transformation”를 부착시킨다. 코일의 감은 수 비와 전압에 대하여 실험한다. 함수 발생기의 주파수를 사인파 1000 Hz로 하고 그 출력을 10 V(RMS)로 하여 보드 좌측 회로의 IN과 GND 단자 간에 연결한다. 그리고 여기에 디지털 멀티미터의 범위(range)를 AC 20 V(RMS)로 하여 그림 5-3과 같이 함께 연결한다. 회로의 2차 출력단자의 출력전압을 측정한다.

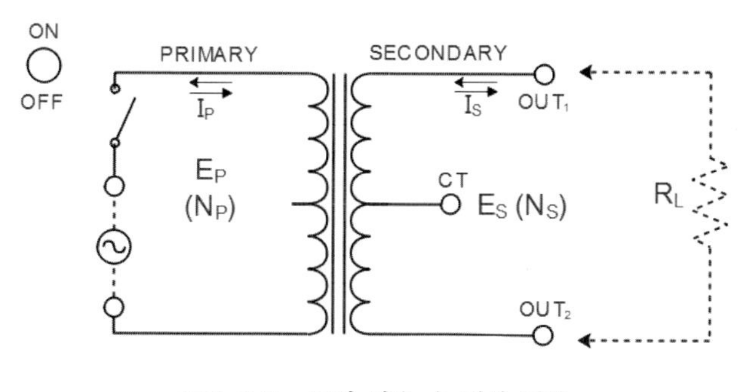

그림 5-3. 코일 감은 수 비와 전압

실험 결과의 이해에 대하여 ① 변압기는 1차와 2차의 코일의 감은 수 비를 주므로 2차의 전압을 임의로 올릴 수도 있고 내릴 수도 있게 된다. 그러나 그 출력전류는 1차 전류에 대해서 반비례로 증감하게 된다. ② 변압기의 효율이 낮으면 그만큼 변압기에서는 열이 발생하게 된다. 그 이유는 만약 100 V 1 A의 출력을 사용하고 있는데, 100 V 1.2 A가 입력된다면 이는 P_{in} = 100 V×1.2 A = 120 W, P_{out} = 100 V×1 A = 100 W이다. 따라서 손실전력 20 W는 변압기의 코일이나 core에서 열로 나타나게 된다.

5.3. 인덕턴스와 RL 회로

실험실습의 목적은 교류전류가 흐르는 전자회로에서는 흔히 초크(choke)나 코일(coil)이라고 말하는 인덕터(inductor)와 용량 또는 콘덴서라고 하는 커패시터(capacitor)를 많이 사용하고 있다. 여기서 그중 인덕터가 교류회로에서 어떤 특징을 갖게 되는지 학습하는 것이다. 실험실습 내용에 대하여 살펴보면, 변압기에 대하여 실습한 바와 같이 1차 코일에 교류전류를 흘리게 되면 그 교류의 주파수에 따라 방향이 바뀌는 자력선이 발생되고 이에 의해서 2차 코일에 유도전류가 발생됨을 알고 있다. 또한 1차 코일 전류는 1차 코일의 교류 저항과 그 양단 전압에 의하여 흐르게 된다. 이와 같은 변압기를 2차 코일이 없다고 생각하면 여기서 실습하고자 하는 인덕터의 역할을 하게 되는 것이다. 여기서 인덕터는 교류에서만 나타내는 일종의 교류저항기이다. 이 저항은 다음과 같이 나타낸다.

$$X_L = \omega L = 2\pi f L$$

여기서 f는 교류의 주파수(Hz), L은 코일의 인덕턴스(H)이다.

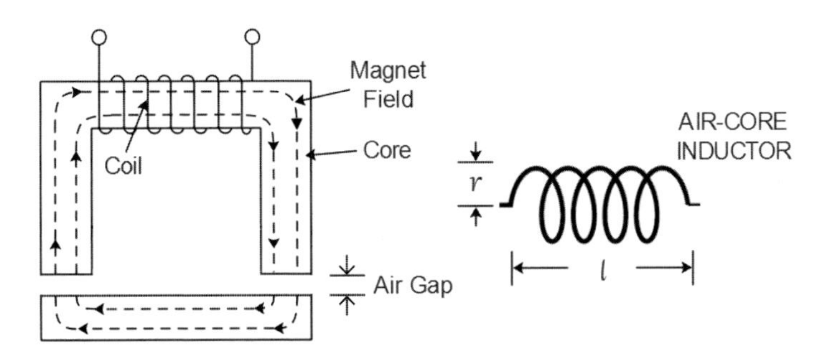

그림 5-4. RL 회로와 인덕터

모든 코일에는 큰 차이는 있어도 교류저항뿐만 아니라 직류(DC) 저항 성분도 함께 갖고 있다. 따라서 교류저항 성분 대 직류저항 성분의 비에 따라 그 코일의 성능(품질)을 말하게 된다. 즉 이는 인덕턴스에서 에너지의 축적과 손실의 비를 말하는 것이다.

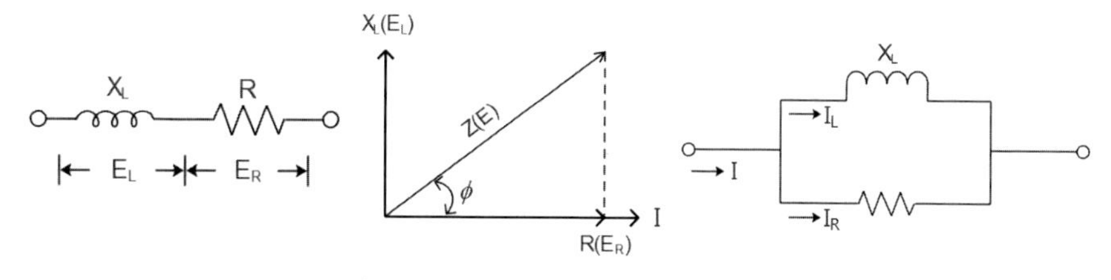

그림 5-5. RL 합성 저항식

교류저항의 특징은 회로에 흐르는 전류와 전압의 위상이 90° 차이를 갖는다. 그리고 일반적으로 전류를 기준하였을 때 전압은 전류보다 90° 빠르게 나타난다. 그러나 코일에 DC저항 성분인 R이 직렬로 들어 있다고 하면 이의 합성저항은 일반 DC저항만의 합성과 다르게 다음과 같이 나타낸다. 직렬연결에서 다음의 식으로 된다.

$$Z^2 = R^2 + X_L^2$$

$$\Phi = \tan^{-1}\frac{X_L}{R}$$

$$E = \sqrt{E_R^2 + E_L^2}$$

병렬연결에서 다음의 식으로 된다.

$$\frac{1}{Z^2} = \frac{1}{R^2} + \frac{1}{X_L^2}$$

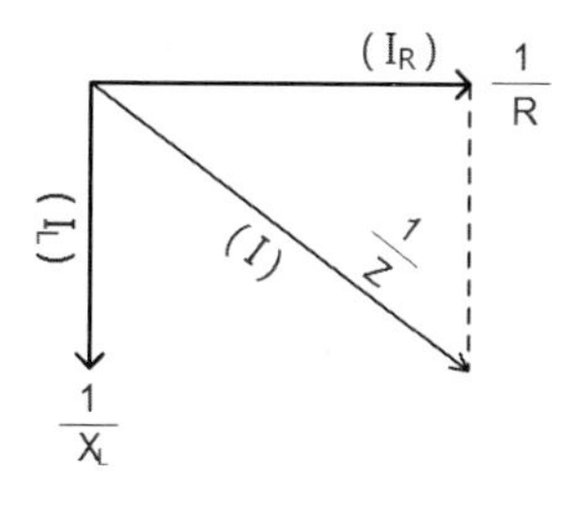

그림 5-6. RL 합성 저항식

$$\Phi = \tan^{-1}\frac{I_L}{I_R}$$

$$I = \sqrt{I_R^2 + I_L^2}$$

실험실습을 위해서는 breadboard 실험장치대(인덕터와 인덕턴스), 함수 발생기, 디지털 멀티미터, 디지털 LCR 미터, 오실로스코프(20 MHz dual trace) 및 회로 연결 코드를 준비한다. 실험실습 준비 진행에 대하여 ① 실험실습대에 실험보드 "인덕터와 인덕턴스"를 부착시킨다. ② 유도성 리액턴스(inductive reactancnce)에 대하여 함수 발생기의 출력은 사인파 100 kHz 20 V_{P-P}로 하여 실습에 f 표시의 입력단자에 연결한다.

그리고 dual trace 오실로스코프의 CH-1 및 CH-2 입력을 그림 5-8과 같이 연결한다. 입력 주파수가 100 kHz가 되도록 하고, 오실로스코프의 화면에 CH-1 및 CH-2 입력의 파형이 2 cycle 정도가 나타나도록 오실로스코프를 조정한다. 그리고 CH-1, CH-2 모두 calibration된 입력 범위를 갖고 회로의 GND점을 기준으로 a점과 b점의 전압을 측정 기록한다. ③ RL 회로의 주파

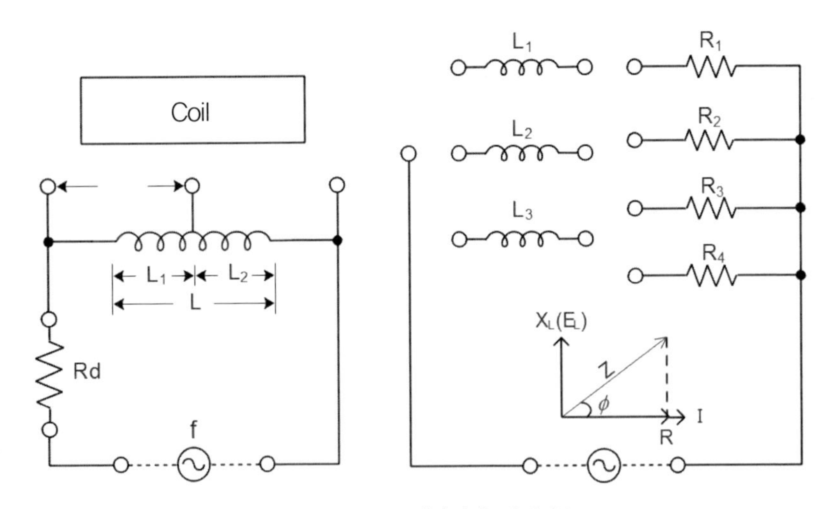

그림 5-7. RL 인덕터와 인덕턴스

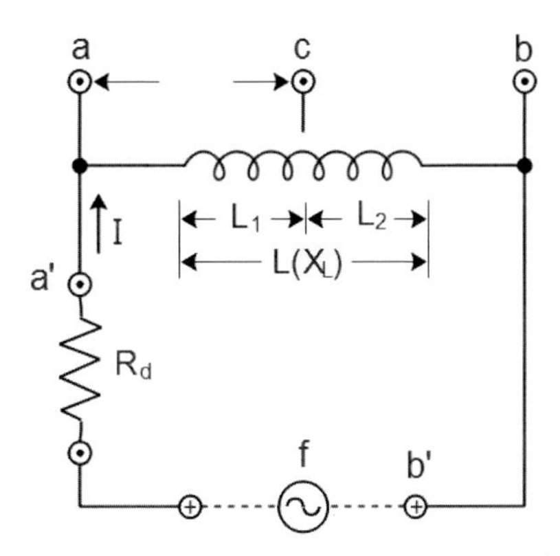

그림 5-8. RL 인덕터와 인덕턴스 접점

수 특성에 대하여 인덕턴스와 저항을 직렬로 연결시키고 함수 발생기의 출력 주파수를 1 kz~100 kHz까지 가변시키면서 주파수와 출력의 곡선을 그래프로 나타낸다. 여기서 주파수 f는 1, 2, 3, 4, 5, 7, 10, 20, 30, 40, 50, 70 범위이다. 각각의 경우에 대하여 출력전압 E_L을 측정하여 기록한다.

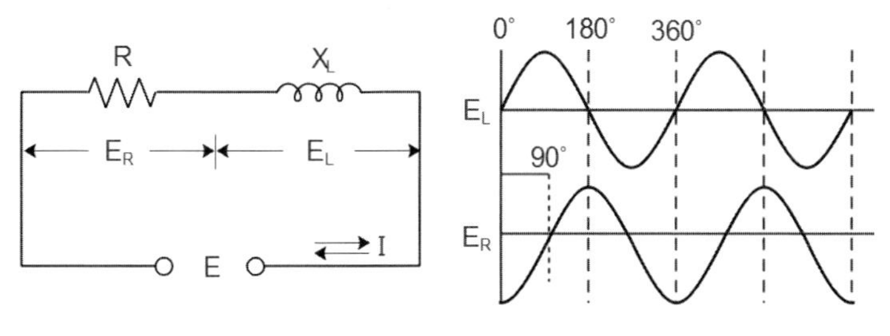

그림 5-9. 인덕터와 리액턴스 파형

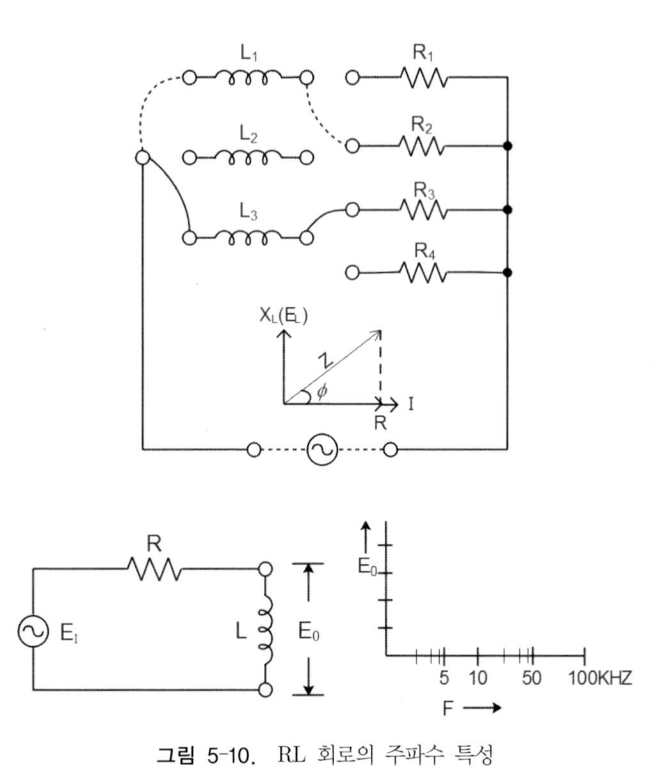

그림 5-10. RL 회로의 주파수 특성

실험실습 결과에 대하여 ① 3개의 변수 중에 인덕턴스를 일정하게 하고, 저항을 직렬로 연결한 후에 주파수를 변화할 때 출력으로 나타나는 현상을 영향과 임피던스의 관계를 이해하게 된다. ② 인덕턴스 $Z = \sqrt{R^2 + X_L^2}$ 이 되며, 임피던스 Z로 나타낸다.

5.4. 인덕턴스의 직렬, 병렬회로

실험실습은 목적에 대하여, 인덕터를 직렬 또는 병렬연결시켰을 때 그 값이 어떻게 변하는지를 실험을 통해서 학습하는 데에 그 목적이 있다. 인덕턴스는 저항(resistance)과 마찬가지로 직렬로 연결되면 그 연결된 만큼 증가되고 병렬로 연결되면 감소된다. 그림 5-11은 직렬연결과 병렬연결에서 그 합성 인덕턴스의 식을 보여주고 있다.

$$\text{직렬연결: } L = L_1 + L_2 \cdots + L_n$$

$$\text{병렬연결: } \frac{1}{L} = \frac{1}{L_1} + \frac{1}{L_2} \cdots + \frac{1}{L_n}$$

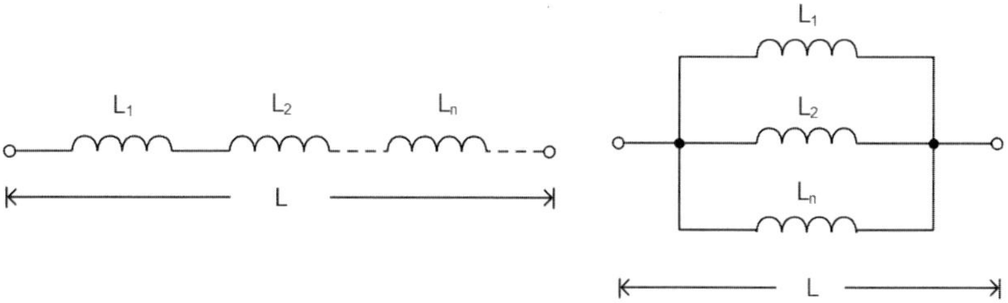

그림 5-11. 인덕터와 리액턴스

실험실습을 위해 breadboard 실습장치대, 실습보드 인덕터와 인덕턴스, 디지털 LCR 미터, 회로 연결 코드를 준비한다. 실험실습의 진행은 다음과 같다. ① 그림 5-12에서 2개의 10 mH(L_2, L_3)를 디지털 LCR 미터로 각각 측정한다. ② 직렬, 병렬연결에 대하여 합성 인덕턴스 값을 얻고 기록한다. 각각의 경우에 대하여 품질계수(quality factor) Q를 계산한다. 측정된 값이 계산된 값과 일치하는지 비교한다. 여기서 저항 R은 임의값을 적용한다.

$$Q = \frac{X_L}{R}$$

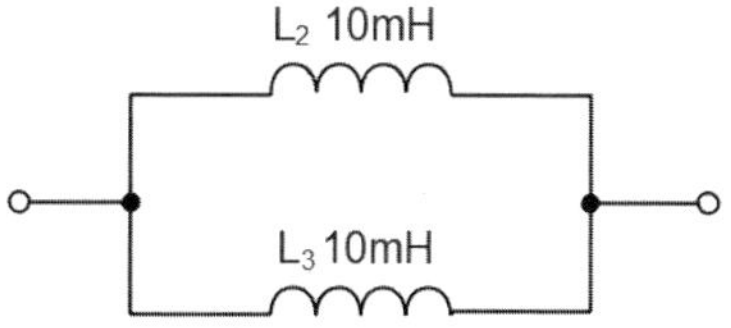

그림 5-12. 인덕턴스 병렬

실험실습 결과의 이해사항으로 ① 인덕턴스는 직렬 또는 병렬연결 시 저항과 같은 계산식으로 증가 또는 감소됨을 알 수 있다. 그러나 같은 core나 같은 유도결합 내에 있는 L끼리는 직렬연결 시 1개의 코일(L)을 기준하여 코일의 감은 수 비의 자승비로 증가한다. ② 인덕터에서 Q는 그 인덕터의 성능을 나타낸다. 같은 인덕턴스, 같은 Q를 가진 L을 직렬연결 시 Q는 일정하다.

5.5. 커패시턴스와 RC 회로

이 실험실습의 목적은 콘덴서(condenser)라고 부르기도 하는 커패시터가 교류전류가 흐르는 회로에서 어떤 특징을 갖게 되는지 학습하는 것이다. 실험 실습 내용에 대하여 인덕터의 유도성 리액턴스(X_L)와 마찬가지로 커패시턴스 역시 교류전류에서만 나타나는 교류저항을 가지며, 이를 용량성 리액턴스(capacitive reactance)라 하여 X_C로 나타낸다.

$$X_C = \frac{1}{\omega C} = \frac{1}{2\pi f C}$$

여기서 C는 커패시턴스(farad, F), f는 교류에서의 주파수(Hz)이다. 여기에서 알고 있어야 할 것은 인덕턴스에서처럼 커패시턴스에서도 전류와 전압의 위상이 90°의 위상차를 나타내지만 다른 점은 전압이 전류보다 90° 늦게 되는 점이다. 이상에서와 같이, 커패시터에 흐르는 교류전류는 주파수 f가 높을수록 낮아진다는 것을 알 수 있다. 그림 5-13(a)에서 보는 바와 같이 콘덴서, 즉 커패시터에서는 초기에 충전전류가 최대가 되고, 이때 전압은 최소가 된다.

그러나 참고로 보여주는 그림 5-13(b)의 이와 같은 현상도 인덕터에서와 정반대이다. 이러한 특성의 모든 콘덴서들은 종류나 재질에 따라 차이는 있지만 교류적 성분의 저항뿐만 아니라 에너지 충전을 지연시키는 직류(DC)

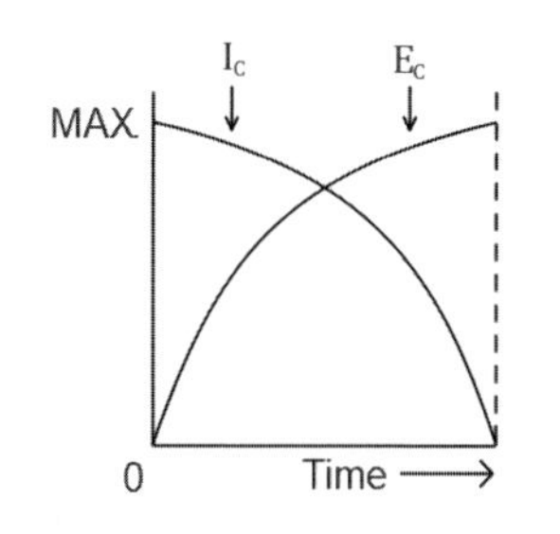

(a) 커패시턴스에서 충전전류와 전압

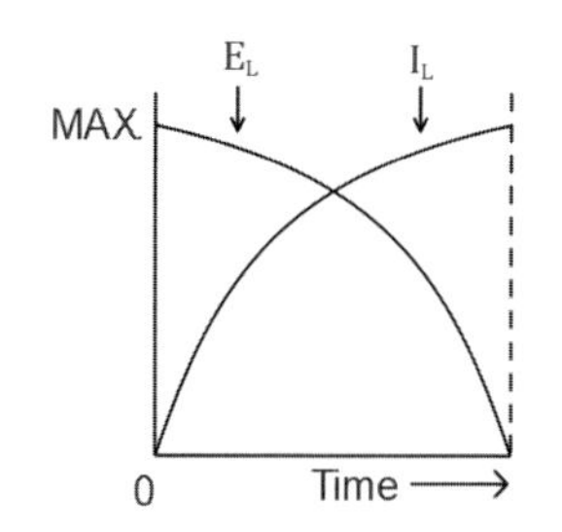

(b) 인덕턴스에서 전압과 전류

그림 5-13. 커패시턴스와 RL 회로

저항 성분 및 충전에너지를 방전시키는 손실저항 성분을 함께 갖고 있다. 따라서 커패시터의 교류저항 성분을 X_C 그리고 직류저항 성분을 R이라 하면, 이의 합성저항(Z)과 전류전압의 위상각은 다음과 같이 된다.

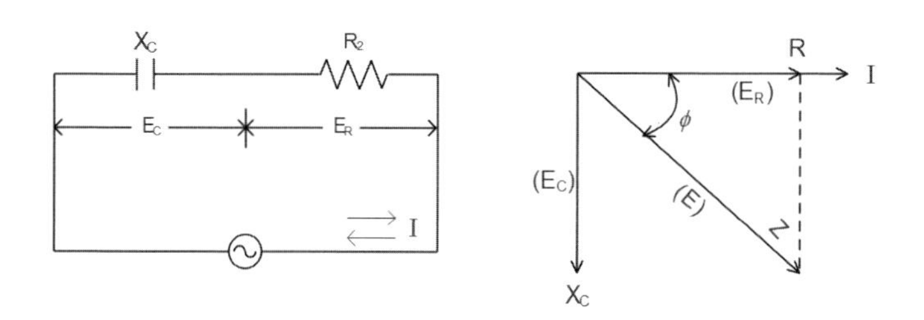

그림 5-14. 커패시터의 합성저항

$$Z = \sqrt{R^2 + X_C^2}$$

$$Z = \frac{E}{I}$$

$$\Phi = \tan^{-1}\frac{X_C}{R}$$

$$E = \sqrt{E_R^2 + E_C^2}$$

병렬연결에서 다음과 같이 정리된다.

$$\frac{1}{Z^2} = \frac{1}{R^2} + \frac{1}{X_C^2}$$

$$Z = \frac{R \cdot X_C}{\sqrt{R^2 + X_C^2}}$$

RC 회로 및 RL 회로에서 또 한 가지 알고 있어야 할 것은 전력회로에서의 역률(power factor)이다. 교류저항(reactance)이 없는 회로에서의 부하전력은 P=IE의 값으로 계산된다. 그러나 교류회로에서는 전류전압의 위상각에 의해서 단순한 직류저항만 있는 부하의 경우와는 다르다. 여기서 임피던스 Z와 R 성분의 비를 역률이라 하고 다음의 식으로 정의한다.

$$PF = \frac{R}{Z} = \cos \varnothing$$

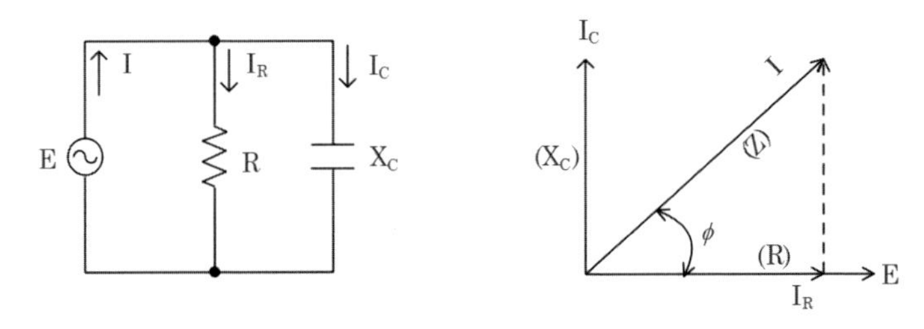

그림 5-15. 콘덴서 용량 표시

여기서 R 성분 부하에 대한 전력을 유효전력(true power)이라 하고 Z에 대한 전력을 피상전력(apparent power)이라고 하며, 다음 관계로 정의한다.

$$PF = \frac{\text{True power}}{\text{Apprent power}} = \cos \varnothing$$

유효전력은 전력계에 의한 true power를 말하고, 피상전력은 전압계와 전류계 값(즉 V·A)에 의한 apparent power를 의미한다. 또한 대개의 고정용량 커패시터에는 유전체를 사용하여 커패시턴스를 증가시키게 하고 있다. 그러나 이런 유전체로 인해서 유전체 손실이 발생하게 되며, 이는 커패시터에 충전되는 전하의 전위 및 교류전류의 주파수 등에 따라 증가하게 된다. 이와 같은 유전체 손실을 손실계수(dissipation factor)로 다음과 같이 나타내고 있다.

$$D = \frac{R}{X_C}$$

일반적으로 인덕터(코일)의 성능(품질)을 Q로 나타내는 반면, 커패시터의 성능(품질)을 나타낼 때에는 D로 표시하고 있다. 이는 얼마나 높은 주파수에서 사용할 수 있는가 하는 데 중요한 사항이 된다. 여기서 그림 5-16과 같은 콘덴서의 용량값은 다음과 같다. 유전율 K의 경우 공기는 1, 종이는 3.5, 유리는 6~10 범위이다.

$$C = \frac{0.57AK}{D}$$

A: 극판의 단면적 cm^2
D: 극판의 길이 cm
K: 유전율

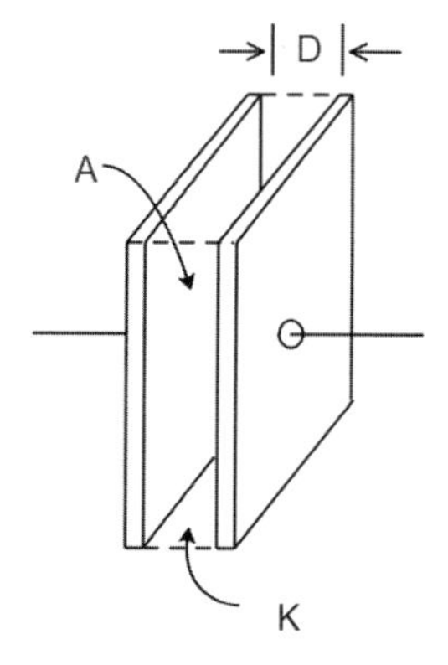

그림 5-16. 콘덴서 용량

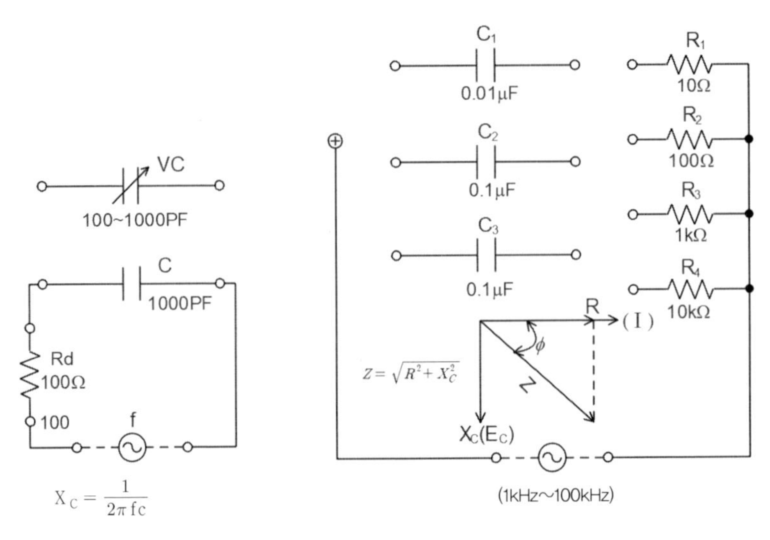

그림 5-17. 콘덴서 용량 실험실습

실험실습을 위해 breadboard 실습장치대, 커패시터와 커패시턴스, 함수 발생기, 디지털 멀티미터, 디지털 LCR 미터 및 오실로스코프(20 MHz dual trace)와 회로 연결을 준비한다. 실험실습은 ① 실험실습대에 실습보드 커패시터와 커패시턴스를 연결한 다음 수행한다. 용량성 리액턴스에 대하여 ② 회로 f 표시의 출력을 사인파 100 kHz 20 $V_{P\text{-}P}$로 하여 실습보드의 좌측 회로 f 표시의 입력단자에 연결한다. 그리고 dual trace 오실로스코프의 CH-1 및 CH-2 입력을 그림 5-18의 'a~b'에 연결한다. ③ 오실로스코프의 화면에 CH-1 및 CH-2 모두 calibration 정도가 나타나도록 하고 회로의 GND를 기준으로 a점과 b점의 전압을 측정 기록한다. 필요하다면 디지털 멀티미터를 사용하여 측정해도 된다. 단, 대개의 디지털 멀티미터들은 RMS값을 지시하고 있음을 유의해야 한다. ④ 회로에서 회로전류 검출저항 Rd는 100이다. Rd 양단 전압에 의하여 회로전류 I를 계산한다. ⑤ 오실로스코프의 CH-2에서 측정된 입력신호 전압을 위에서 측정된 전류 I에 따라 이 회로의 합성저항 Z를 구한다. 그리고 C 양단의 값을 얻는다.

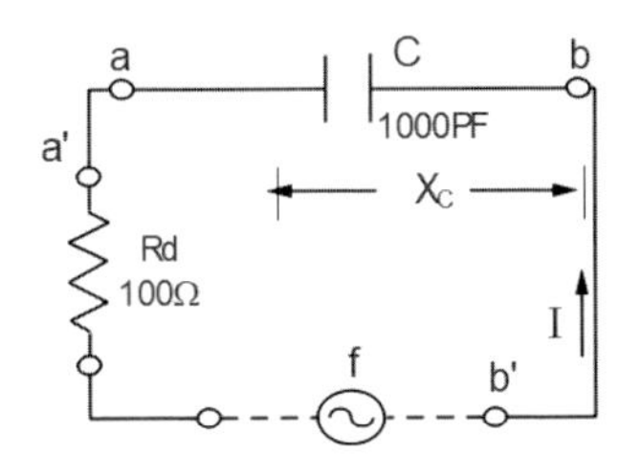

그림 5-18. 콘덴서 용량 측정 회로

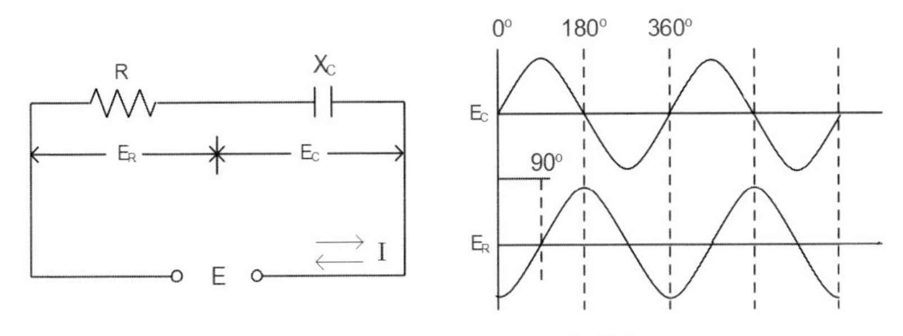

그림 5-19. RC 회로 파형의 위상

참고 사항으로 X_C과 X_L은 모두 저항 성분(reactance)을 가지고 있다. ⑥ 오실로스코프에 나타나는 CH-1 및 CH-2의 진폭이 같도록 조절한 후 두 파형의 위상차를 비교한다. 전반적인 분석으로 위상각과 계산에 의한 값을 비교한다. 여기서 $\Phi = \tan^{-1}\frac{X_C}{R}$ 이다. ⑦ 함수 발생기(function generator)의 연결을 제거하고 LCR 미터를 사용하여 a~b 간의 값을 측정한다. 그리고 실습 보드의 좌측 회로 위에 있는 가변 콘덴서(variable capacitor)의 capacitance를 가변시키면서 그때그때의 C값을 LCR 미터를 사용하여 측정하고 확인한다. ⑧ Variable capacitor, 이를 약어로 바리콘(varicon)이라고 하는데, 회로의 1000 PF와 병렬로 연결하고 바리콘을 좌우 회전의 중간 위치에 돌려 놓는다. 그리고 실습 순서 ②~⑤번의 측정 방법으로 이때의 Z값 및 X_C값을 얻는다. X_C값을 알게 되는 경우, 이때의 입력 주파수 f를 알 수 있으므로 1000 PF에 병렬연결된 바리콘의 C_V값을 알게 된다.

RC 회로의 주파수 특성은 ⑨ 그림 5-20과 같이 0.1 μF와 100Ω을 직렬 연결시키고 함수 발생기의 출력 주파수를 1 kHz~100 kHz까지 가변시키면 주파수 f값의 곡선을 그래프로 나타낼 수 있다. 여기서 f는 1, 2, 3, 4, 5, 6, 7, 10, 20, 30, 40, 50, 70, 100 kHz로 하여 각각의 경우에 대하여 전압을 기록한다. ⑩ 그림 5-20의 점선 연결과 같이 0.01 μF인 경우와 1 kΩ을 직렬로 연결한 후 입력주파수를 1 kHz~100 kHz까지 가변시키면서 주파수 대 0.01 μF의 양단 전압 E_C의 그래프를 그린다. 이 경우 실험실습 ⑨에서와 다른 점이 있다. 참고로 신호의 부하가 0.1 F인 경우, 입력주파수가 1 kHz~ 100 kHz로 변할 때 0.1 μF의 양단 값 X_C는 높아지는데, 이 결과는 임피던스가 높아지는 것을 의미한다. 실습 순서 ⑩에서 X_C값이 임의의 저항 R값과 같아지는 것을 그래프로 그리고 확인한다.

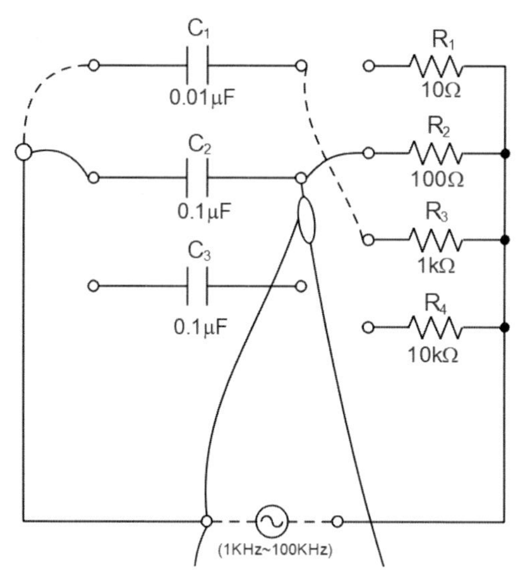

그림 5-20. RC 회로

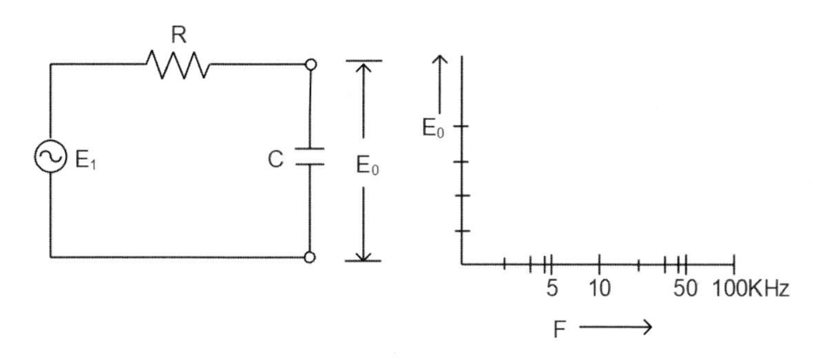

그림 5-21. RC 회로와 주파수 전압 그래프

5.6. 커패시턴스의 직렬, 병렬회로

실험실습의 목적은 커패시터를 병렬 또는 직렬연결했을 때 그 값이 어떻게 변하는지를 알아보는 것이다. 실험실습 내용으로 커패시턴스는 인덕턴스와는 반대로 직렬로 연결되면 용량은 직렬로 연결된 것 중 제일 적은 용량보다도 더 적게 되고, 병렬로 연결시키면 반대로 합한 용량값으로 증가한다. 그러나 리액턴스적으로 생각할 때, 커패시턴스가 증가한다는 것은 $X_C = 1/\omega C$의 관계식에서 용량성 리액턴스(X_C)는 감소되므로 커패시터를 직렬연결하는 경우 용량성 리액턴스는 증가된다. 그림 5-22에서 커패시터의 직렬연결과 병렬연결의 상태를 보여 주고 있으며, 각각의 관계식이 주어진다.

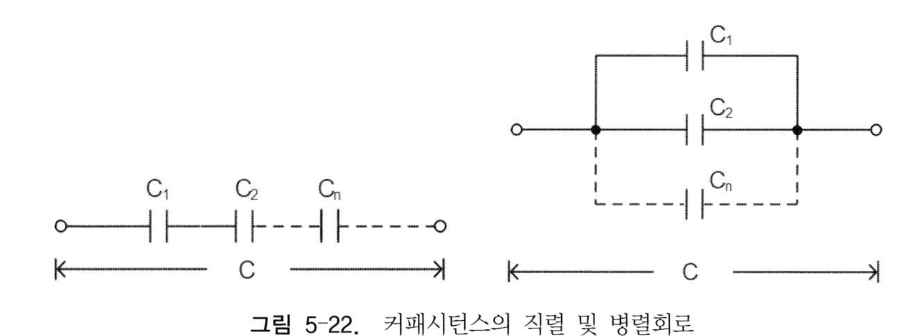

그림 5-22. 커패시턴스의 직렬 및 병렬회로

$$\text{직렬연결: } \frac{1}{C} = \frac{1}{C_1} + \frac{1}{C_2} \cdots \frac{1}{C_n}$$

$$\text{병렬연결: } C = {}_1 + C_2 \cdots C_n$$

여기서 중요한 것은 커패시터에서는 반드시 사용 전압 즉, 커패시터의 내압을 표시하고 있으므로, 이 표시 전압 이하에서만 사용해야 한다. 만일 같은 용량, 같은 내압의 커패시터를 직렬연결하는 경우에는 그 직렬수만큼 양단의 내압도 증가하게 된다. 그림 5-23은 그 예를 나타내고 있다.

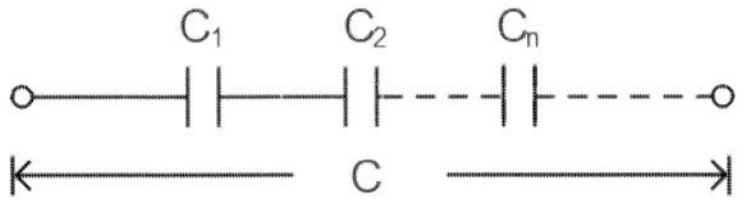

그림 5-23. 커패시턴스의 직렬회로

실험실습을 위해 breadboard 실습장치대, 커패시터 및 커패시턴스, 디지털 LCR 미터 및 회로 연결 코드를 준비한다. 실험실습 진행은 2개의 0.1 μF 커패시터에 대하여 디지털 LCR 미터로 각각 측정한다. 그리고 측정된 자료값과 함께 표에 기록한다. 이어서 2개의 0.1 μF을 직렬로 연결하고 그 양단을 역시 디지털 LCR 미터로 측정하여 자료값과 함께 표의 직렬연결란에 기록한다. 이번에는 2개의 0.1 μF을 병렬로 연결하고 그 양단을 디지털 LCR 미터로 측정하여 함께 측정된 자료와 함께 표의 병렬연결란에 기록한다. 위에 측정된 직렬 및 병렬연결 시의 값들이 계산값과 같은지 확인한다. 그리고 내압이 100 V라면 직렬연결의 경우 직렬 양단의 내압은 몇 볼트인지 확인한다. 이상을 정리하여 이해하면, 커패시터에는 전력용을 제외하고는 대개 내압이 1000 WV(working voltage) 미만이다. 따라서 몇 천 볼트 이상의 고전압 회로에서는 그림 5-24와 같이 내압과 용량이 같은 것을 여러 개 직렬연결하여 사용한다. 그림 5-24에서 R은 밸런싱(balancing)용 브리더저항기(bleeder resistor)들이다.

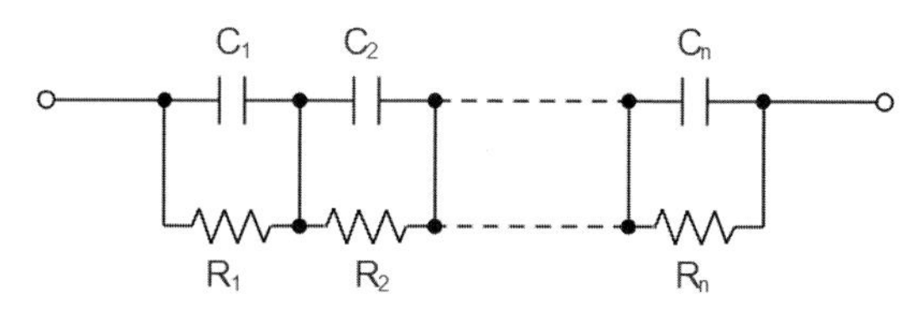

그림 5-24. 커패시터 병렬 연결

5.7. LC 회로와 공진

실험실습의 목적은 상호보완 관계에 있는 L과 C로 된 회로가 주파수에 대하여 어떠한 특성을 갖게 되는가를 실험실습을 통해 이해하는 것이다. 준비내용으로 실험실습을 통해서 인덕터(L)와 커패시터(C)에 대하여 개별적으로 이들의 특징적인 것과 회로상의 특성적인 것을 학습하였다. 이제 이들 L과 C로 회로 구성이 되었을 때 어떠한 전기적 특징을 나타내는가를 이해한다. RLC 직렬회로가 그림 5-25에서와 같이 R, L, C 소자들이 직렬로 연결되었을 때 이들의 교류 합성저항, 즉 임피던스 Z는 다음과 같이 된다.

$$Z = R^2 + (X_L - X_C)^2 \text{ , 즉 } Z = \sqrt{R^2 + (X_L - X_C)^2}$$

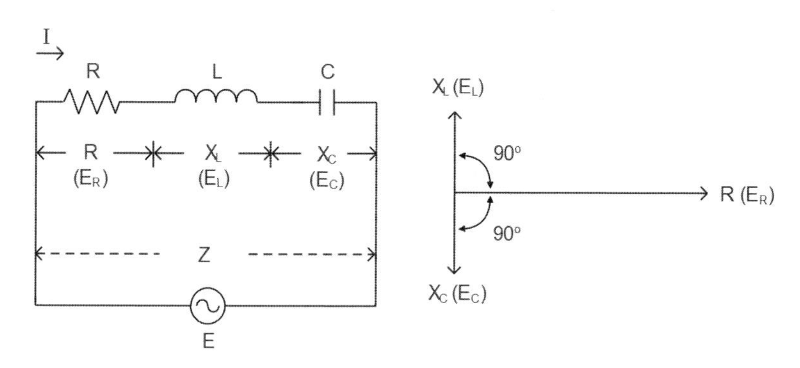

그림 5-25. RLC 직렬회로와 공진

RLC 회로의 병렬연결에서 다음의 관계식이 주어진다.

$$Z = E / I_r\ ,\ I_r = \sqrt{I_R^2 + (I_L - I_C)^2}$$

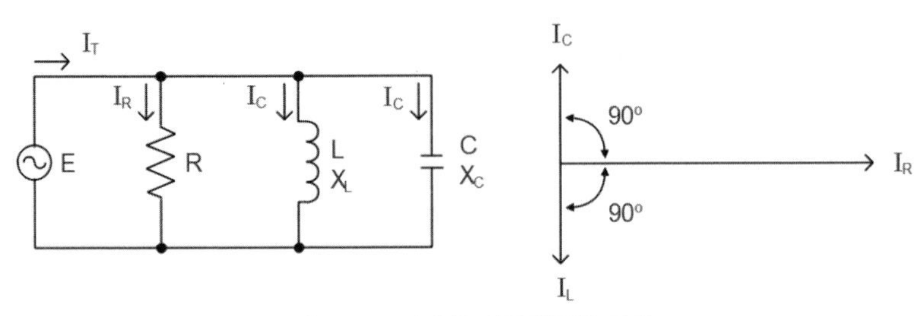

그림 5-26. RLC 병렬회로와 공진

이상에서 R, L, C로 된 병렬회로에서 R은 L, C회로에 별도의 외부 저항기(resistor)를 병렬로 연결하는 경우도 있지만 일반적인 경우에는 L, C만으로 되어 있는 회로소자의 절연저항이나 기타 손실저항을 말하고 있으며, 따라서 이 R값은 X_L값이나 X_C값에 비하여 대단히 큰 저항값을 나타낸다. 그러므로 L, C 병렬회로에서 $I_L = I_C$인 경우, 병렬회로를 흐르는 전류는 대단히 작게 된다. 이와 같은 현상을 LC 회로의 공진현상이라 하며, 이때가 되는 주파수를 공진주파수(resonance frequency)라고 한다. 이상의 특성을 종합해 보면 L, C 직렬회로에서는 $X_L = X_C$가 되는 주파수에서 이 회로의 Z가 최소가 되고, C 병렬회로에서는 $X_L = X_C$가 되는 주파수에서 Z는 최대가 됨을 알 수 있다. 그림 5-27에서 직렬 공진 및 병렬 공진회로에서의 공진주파수와 출력 특성을 확인한다.

그림 5-27에서 f_0 주파수에서 전류는 최대가 되고 있는데, 이는 f_0에서 $X_L = X_C$가 되기 때문에 공진주파수 f_0에서 $Z = R$이 된다. 이 결과로 $I_0 = E / Z = E / R$로 되어 전류는 최대가 된다. 병렬회로에 대하여 그림 5-28에서 보여주고 있다.

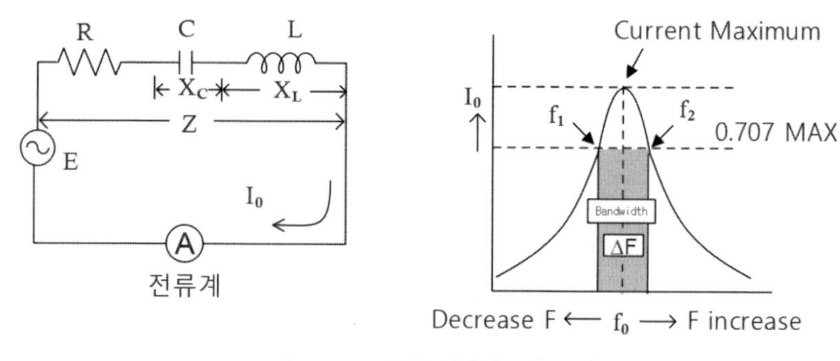

그림 5-27. RLC 직렬회로와 공진

여기서 입력주파수 f_0에서 조금씩 증가 혹은 감소하는 경우, 직렬회로의 전류도 급격히 감소하게 된다. 따라서 이 감소는 곡선이 급격할수록 공진회로 주파수 선택성이 우수한 것으로 되어, 이 값을 Q라고 할 때 $Q=f_0/B_W$ 또는 $Q=X_L/R$로 나타낸다. 여기서 B_W는 대역폭(bandwidth)라 하며, 이는 그림 5-28(b)에서 $\Delta F=f_2-f_1$을 의미하는 것으로, f_0의 전류점보다 0.707 낮은 상하 f_2와 f_1의 주파수 차이를 의미한다. 그림 5-28에서 f_0 주파수에서 전류는 최소가 되고 있는데, 이는 이 주파수에서 $I_L=I_C$가 되기 때문이며, 따라서 병렬공진의 경우 회로전류 $I_0=I_R$이 된다. 결과적으로 R로 흐르는 전류만이 있게 된다.

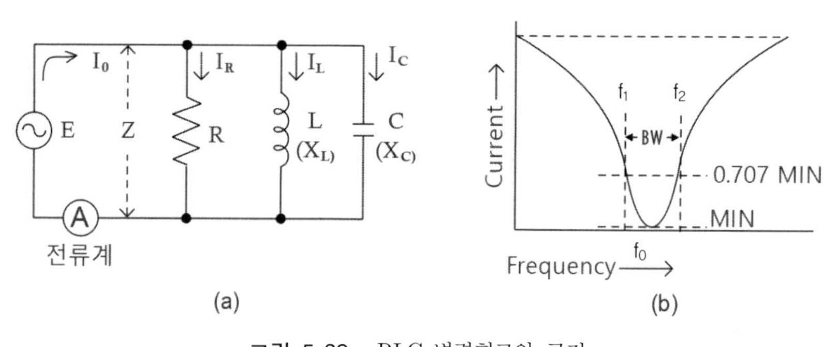

그림 5-28. RLC 병렬회로와 공진

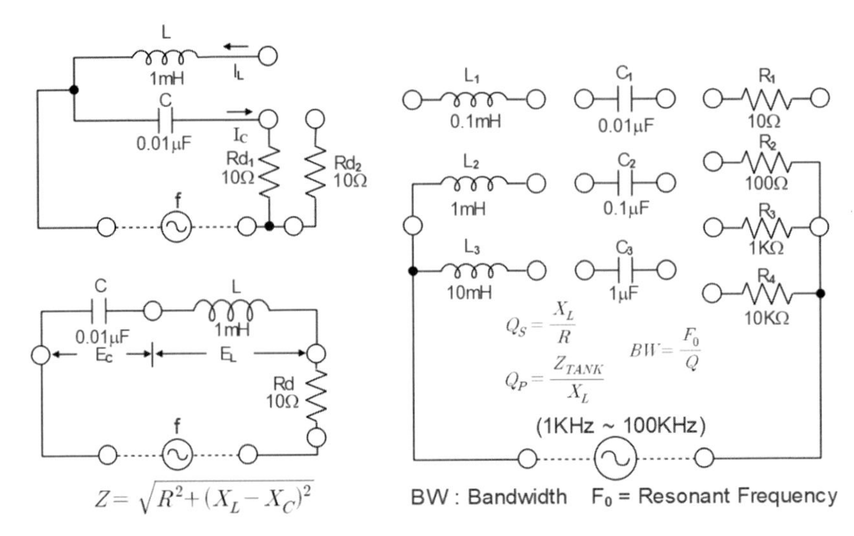

그림 5-29. LC 회로와 공진

병렬 공진회로의 Q는 직렬 공진회로의 경우와 마찬가지로 $Q=F_0/B_w$ 또는 $X_L=X_C$ 조건에서 $Q=Z_T/X_L$이 된다. 실험실습 진행 내용은 breadboard 혹은 실습대에 LC 회로와 공진을 부착시킨다. 직렬공진을 실험실습하기 위하여 함수 발생기(function generator)의 출력은 사인파 20 kHz, 20 V_{P-P}로 하여 실습보드의 좌측 하 부회로 f 표시의 입력단자에 연결한다. 그리고 dual trace 오실로스코프의 CH-1 및 CH-2 입력을 그림 5-29와 같이 연결한다.

이 경우 입력 주파수가 20 kHz이다. 이 주파수의 파형이 오실로스코프의 화면에 2 cycle 정도 나타나도록 조정한다. 이때 CH-1 및 CH-2 모두 calibration된 입력 범위를 갖고 a' 및 b점의 전압 측정과 함께 파형의 위상비교를 할 수 있도록 한다. 여기서 유의할 것은 오실로스코프에 의한 전압 측정값은 peak-to-peak이고 디지털 멀티미터에 의한 측정값은 RMS이다. 즉 $V_S=V_{P-P}/2\sqrt{2}$ 이다. R_d 양단 전압에 의하여 회로전류 I를 구한다. 그리고 오실로스코프의 CH-1 및 CH-2의 측정 전압에 의하여 C와 L 직렬회로 양단

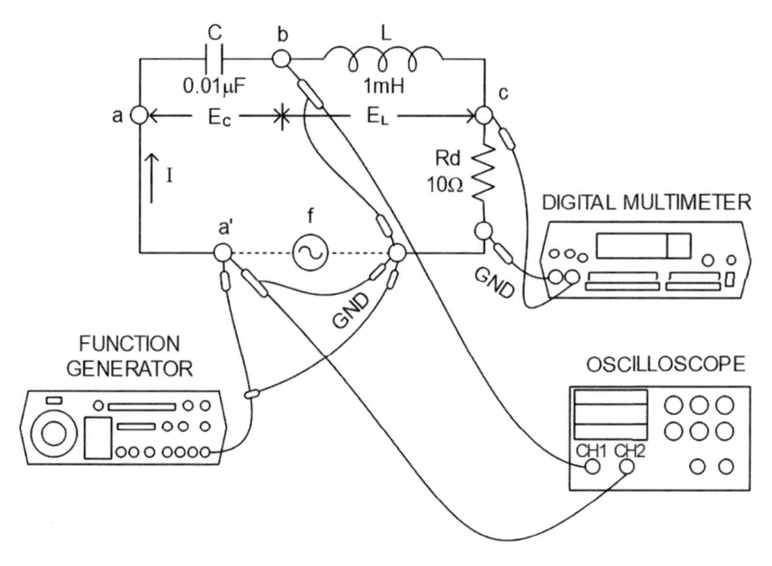

그림 5-30. LC 직렬회로와 공진

(a~c점)의 임피던스 Z를 구한다. 여기서 a~c 간의 임피던스 $Z = E_{a-c} / I$로서 나타내며, 전류 및 전압은 RMS값이다. a~c 간 전압이 계산결과와 일치하는지 확인한다.

$$E_{a-c} = E_L - E_C \text{ 즉, } E_{a-c} \neq E_L + E_C$$

$$E_L = I \cdot X_L$$

$$X_L = 2\pi fL$$

$$X_C = \frac{1}{2\pi fC}$$

다음은 함수 발생기의 출력 주파수를 10 kHz로부터 100 kHz까지 가변시키면서 그림 5-31에 입력주파수 F 대 회로전류 I의 그래프를 그려본다. 이때 주파수 눈금은 매 10 kHz 증가 시마다 R_d 양단 전압에 의하여 I를 구해서 주파수 F와 전류 I의 그래프를 그린다. 함수 발생기의 내부저항으로 인한 입력전압의 변화에 유의한다. 만약 줄어들면 출력을 증가시켜 같게 해준다.

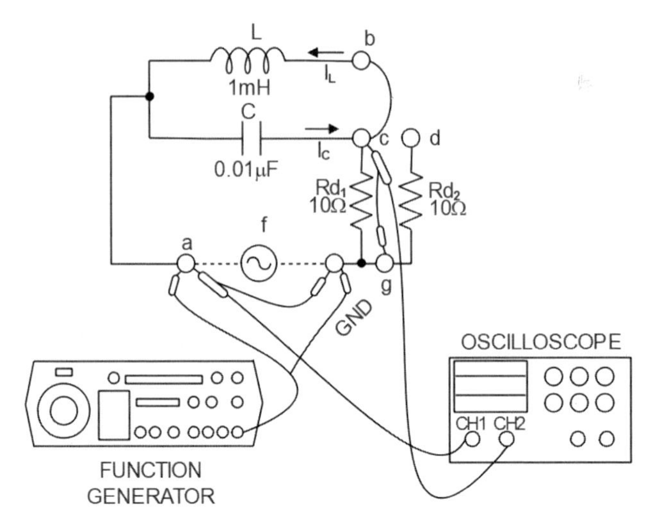

그림 5-31. LC 병렬회로와 공진

계속해서 회로를 그림 5-32와 같이 연결한 후 오실로스코프에 의하여 c, d의 양단 전압과 전류를 구한다. 그리고 앞에서 수행한 실험실습에서 측정된 I는 여기에서 측정한 $I_L - I_C$와 같은 값이 되는지 확인한다. 만약 같다면 I값이 $I_L + I_C$값과 일치하지 않게 되는지를 설명한다. 앞에서 실험실습 순서에서 입력 주파수의(f 양단) 전압 및 주파수는 동일 상태에서 측정되어야 함에 유의해야 한다. 그리고 측정기의 프로브(probe)나 테스트 리드(test lead)가 갖고 있는 L, C, R에 의하여 측정오차가 생길 수 있게 된다.

회로와 계기의 연결을 그림 5-32와 같이 한 후 함수 발생기의 출력 주파수를 10 kHz로부터 100 kHz까지 가변시키면서 그래프에 회로전류 I와 주파수 F의 관계를 그래프로 나타낸다. 이때 주파수 눈금은 매 10 kHz 증가 시마다 R_d 양단 전압에 의하여 I를 구한다. 그리고 앞의 실험실습 순서에서 사항과 같이 주파수 가변 시 입력전압이 감소하지 않도록 조정한다.

LCR 회로의 임피던스와 주파수 특성에 대하여 그림 5-31의 실선과 같이 회로를 연결한 후 함수 발생기의 주파수를 가변시켜 공진주파수를 찾아내고

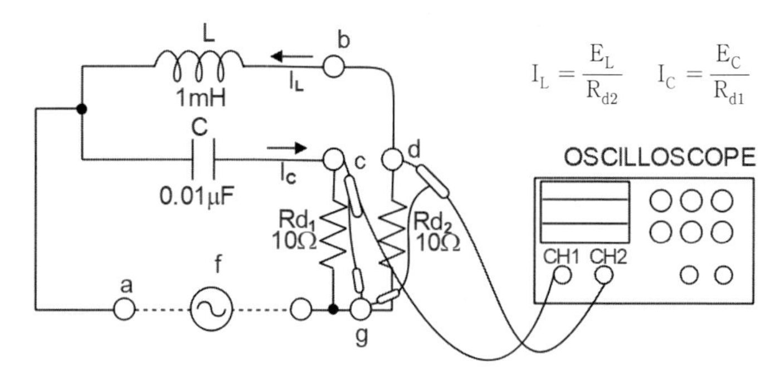

그림 5-32. LC 병렬회로와 공진

공진 임피던스 Z와 이때 공진회로의 Q를 계산한다. 유의할 것은 주파수 가변 시 함수 발생기의 내부저항에 의한 입력전압의 감소가 없도록 한다.

다음은 그림 5-33의 점선과 같이 1 mH에 직렬로 10 Ω을 연결한 후 0.1

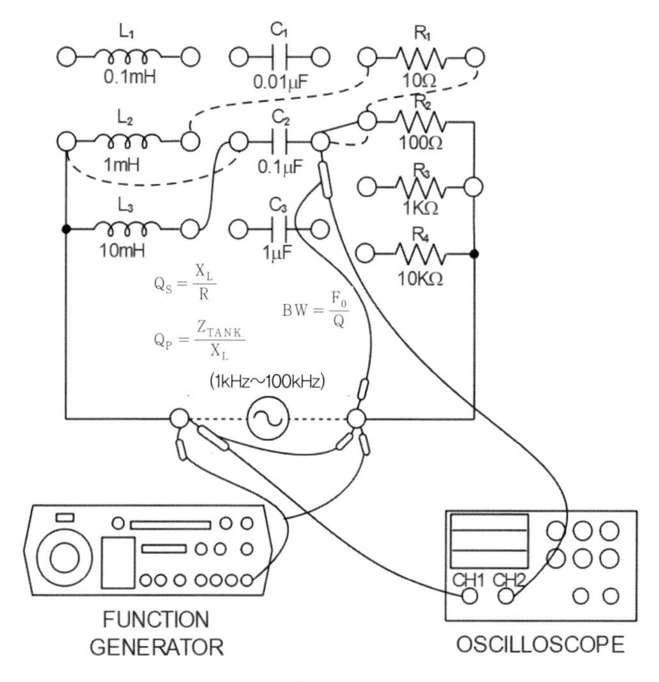

그림 5-33. LC 직렬회로와 공진

μF와 병렬연결하고, 함수 발생기의 주파수를 가변시켜 공진주파수 F_0와 병렬공진 임피던스를 측정한다. 또한 공진회로의 Q를 구한다. 거의 모든 코일 인덕터는 직렬 DI 성분의 저항 성분을 가지고 있다. 따라서 그림 5-34와 같은 회로가 된다.

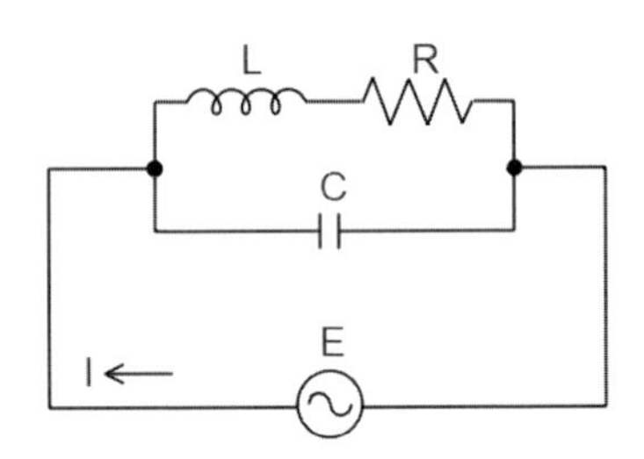

그림 5-34. RLC 병합회로와 공진(R: 코일 자체의 직류저항 성분)

그림 5-33의 점선 회로에서 10Ω 양단 P-P 전압에 의하여 회로전류와 임피던스는 다음과 같이 된다. 여기서 회로의 $Q=Z/X_L$이다.

$$I = 1/2\sqrt{2} \cdot 100\Omega \text{의 } V_{P-P}/100\Omega$$

$$Z = 1/2\sqrt{2} \cdot {}_{input}/I$$

이상의 실험실습 상태에서 입력 주파수를 5 kHz~50 kHz 범위로 가변시키면서 매 2 kHz마다 100 Ω 양단 전압에 흐르는 회로전류 I를 측정한다. 이 결과 주파수 F와 전류 I의 관계를 그래프로 그려 확인한다. 일단 그래프가 완성되면 이번에는 10 kΩ 및 1 kΩ의 저항을 공진회로에 각각 병렬로 연결시켜 이 경우의 주파수 F와 전류 I의 관계를 그래프로 그리고 표시한다. 10 kΩ 및 1 kΩ을 연결하지 않을 때와 어떻게 변화되는지, 어느 경우에 Q가 높게 얻어지는지, 그 이유는 무엇인지에 대하여 검토한다. 실험실습 breadboard를 사용하여 그림 5-35를 구성한다. 그리고 주파수 F와 E_0의 그래프를 그린다. 앞의 실험실습 순서에서 L과 C로 이루어지는 low pass filter

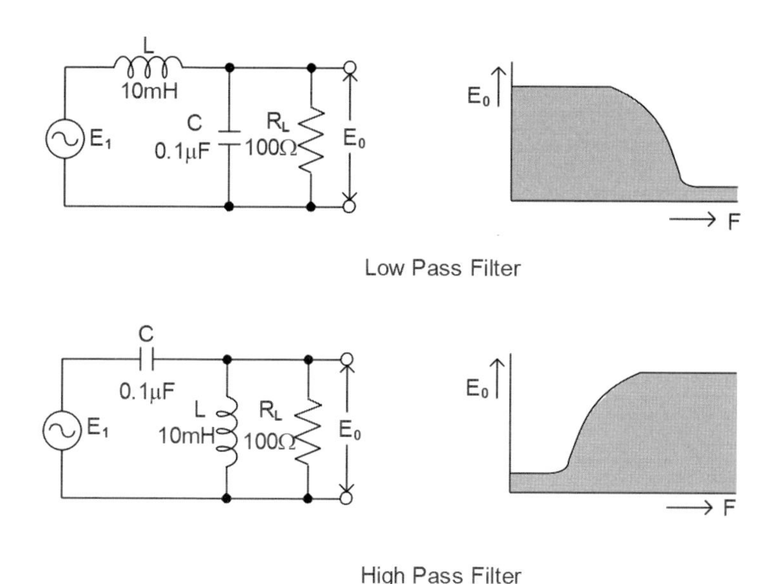

그림 5-35. RL 복합회로와 공진

(LPF) 또는 high pass filter(HPF)는 앞의 실험실습 순서에서의 LPF 특성과 HPF 특성과 어떤 차이가 있는지를 비교한다. R과 L 또는 R과 C에 의한 filter의 특성은 주파수가 2배(1-octave)로 증가될 때 출력전압은 2배 또는 1/2로 된다. 그러나 L과 C로 되는 HPF나 LPF에서는 주파수가 2배 증가하면 그 출력전압은 4배 또는 1/4로 된다. 이와 같이 LC로 된 HPF나 LPF는 RC나 RL로 된 HPF 및 LPF 회로에 비하여 2배의 더 급경사의 filter 특성을 갖게 된다.

중점 사항으로 LC 회로에서 직렬공진 시 임피던스는 최소가 되고 병렬공진 시에는 임피던스가 최대가 된다. 그리고 직렬공진이든 병렬공진이든 공진 조건은 $X_L = X_C$이다. 즉 이는 $2\pi FL = 1 / 2\pi FC$이므로 공진주파수 $F = 1 / 2\pi\sqrt{LC}$이다.

공진회로에서 공진주파수보다 낮은 교류전류가 흐르게 되면 회로의 리액턴스는 X_L보다 X_C가 커지게 되므로, 이 회로는 용량성 리액턴스(capacitive reactance)를 갖는다. 그러나 공진주파수보다 높은 주파수의 교류전류에서는

X_C보다 X_L이 커지므로 유도성 리액턴스(inductive reactance)를 갖는다. 그림 5-32와 같은 회로에서 함수 발생기의 출력주파수를 20~100 kHz로 가변시키면 오실로스코프에 나타나는 전압 E_L 및 E_C는 변화가 서로 반대로 증감됨을 알 수 있게 된다. 그 결과는 그림 5-36에서 보여준다.

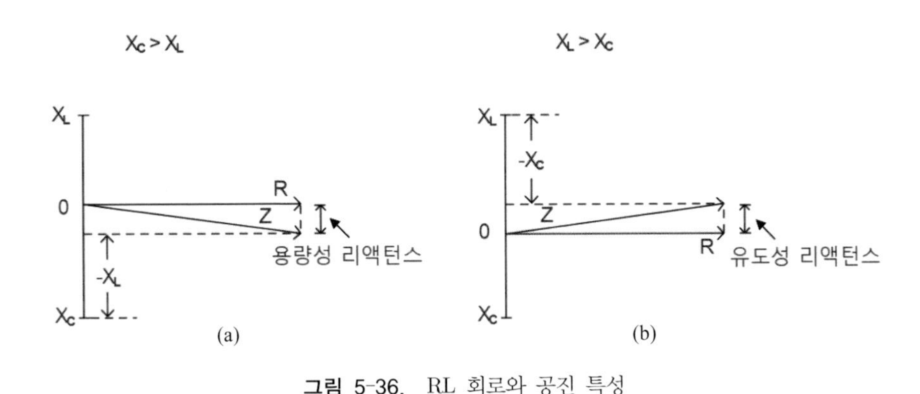

그림 5-36. RL 회로와 공진 특성

병렬 공진회로에서 한번 입력된 교류전류는 LC 회로 내에서 충전 및 방전을 지속한다. 단, 인덕턴스 L의 DC 저항 성분과 커패시턴스 C의 유전체 손실에 의해서 전류는 점차적으로 감소하게 된다. 이를 그림 5-37에서 보여준다.

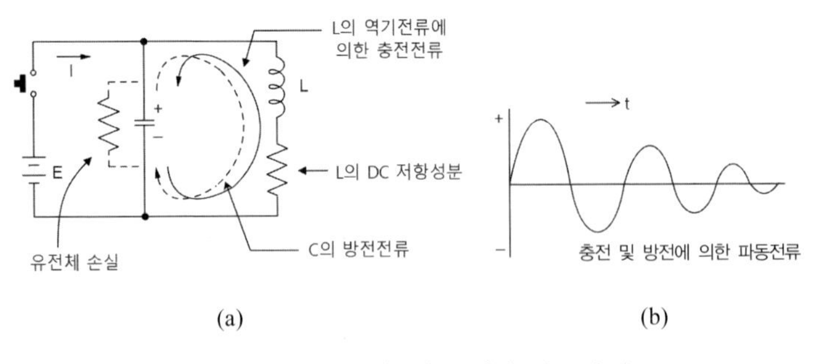

그림 5-37. RL 회로와 공진의 전류 손실

이와 같은 작용에 의하여 에너지 저장 효과가 있기 때문에 병렬 공진회로는 일반적으로 저장(tank)회로라 한다. 또한 병렬 공진회로에서는 tank 내의 에너지가 감소되기 전에 초기 cycle에서는 입력 에너지 전위와 거의 같고 그 방향이 같으므로 입력 전류는 tank로 흐를 수밖에 없게 된다. 결과적으로 병렬 공진회로에서는 공진회로의 임피던스가 매우 높은 상태가 된다.

다음 그림 5-38과 같은 직렬 공진회로에서 $Q = X_L / R$ 또는 $Q = E_C / E_i$, $Q = E_L / E_i$이다. X_L 및 X_C 각각의 양단 전압은 E_i에 대하여 Q배만큼 전압 증폭 작용을 한다.

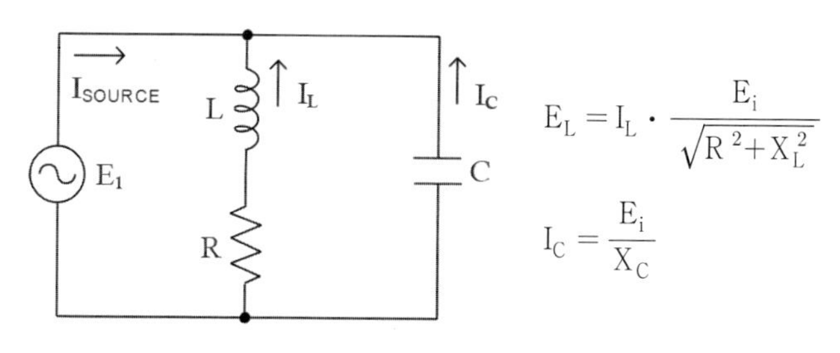

그림 5-38. RL 회로의 공진과 전압 증폭 작용

병렬 공진회로에서 $Q = Z_{tank} / X_L$ 또는 $Q = I_L / I$, $Q = I_C / I$이다. 즉 각각 X_L 및 X_C로 흐르는 전류는 회로전류 I의 Q배만큼 전류 증폭 작용을 한다.

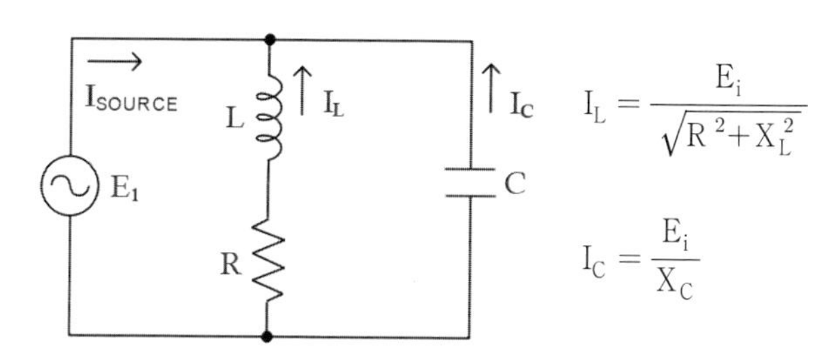

그림 5-39. RL 회로와 공진전류 증폭 작용

LC 회로에서는 공진현상에 의해서 주파수 특성 선택을 가지므로, 특정한 주파수만을 수신하거나 또는 제거시키는 데 사용된다. 그리고 어느 주파수 이상만 통과시키는 HPF(high pass filter)나 또는 어느 주파수 이하만 통과 시키는 LPF(low pass filter) 회로에 응용된다.

5.8. Kirchhoff의 법칙

실험실습의 목적은 키르히호프(Kirchhoff)의 법칙을 이용하여 직·병렬회로의 논리적 분석을 하기 위함이다. 특히 둘 또는 이상의 전압 근원(voltage source)을 갖는 네트워크(network)에서 전류의 브랜치(branch) 및 각 컴포넌트(component)의 전위 등에 대하여 실험실습과 함께 검토해 보기로 한다.

실험실습을 위한 준비는 지금까지의 단순한 직·병렬회로의 전압관계는 옴의 법칙으로만으로 이해할 수 있었다. 그러나 회로가 좀 복잡하거나 또는 전압 근원이 둘 또는 그 이상을 갖는 네트워크를 이해하기 위한 몇 가지 방법 중 하나인 Kirchhoff의 법칙에 대한 정의를 이해하도록 한다.

Kirchhoff의 전압(voltage)법칙은 그림 5-40(a)와 (b)를 보면서 다음의 정의를 살펴본다. 하나의 독자적 폐회로(around a closed loop)에서 rise voltage와 drop voltage의 합은 같다. 하나의 독자적인 폐회로에서의 전압의 합은 0(zero)이다.

그림 5-40에서 10 V는 rise voltage로서 근원(source) 전압이고 R_1 및 R_2의 양단 전압은 drop 전압이다. 따라서 10 V = 3 V+7 V이다. 그림 5-40(b)에서 E_B의 +로부터 시계 방향으로 전류가 흐른다고 할 때, E_{R1}과 E_{R2}는 같은 방향으로 주어지고 있으나 E_B와는 반대 방향으로 된다. 결과적으로 이 폐회로의 모든 전압의 합은 다음과 같이 된다.

$$E_B - E_{R1} - E_{R2} = 0$$

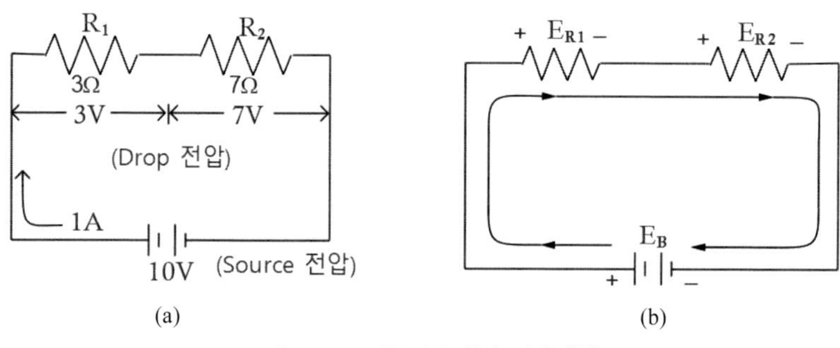

그림 5-40. Kirchhoff의 전압법칙

Kirchhoff의 전류(current)법칙은 그림 5-41과 같은 병렬회로에서 각 브랜치(branch) 전류의 합은 근원(source) 전류로서 총 전류(total current)와 같다. 어떤 점(point)에서든 들어오는 전류는 각 방향으로 나가는 전류의 합과 같다.

$$I_T = I_{R1} + I_{R2}$$

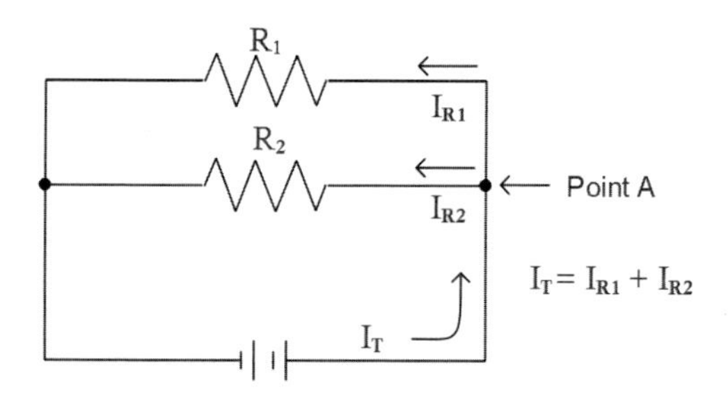

그림 5-41. Kirchhoff의 전류법칙

그림 5-42에서와 같이 복합적인 회로에서 전류와 전압을 구할 수 있다. 전압의 근원을 중심으로 그림 5-43에서와 같이 독립적인 폐회로를 적용하여 각 소자에 흐르는 전류와 전압을 구한다. E_1과 E_2의 폐회로에서 다음의 관계식이 성립하며 결과적으로 I_1과 I_2 및 E_{R1}, E_{R2}, E_{R3}를 구할 수 있다.

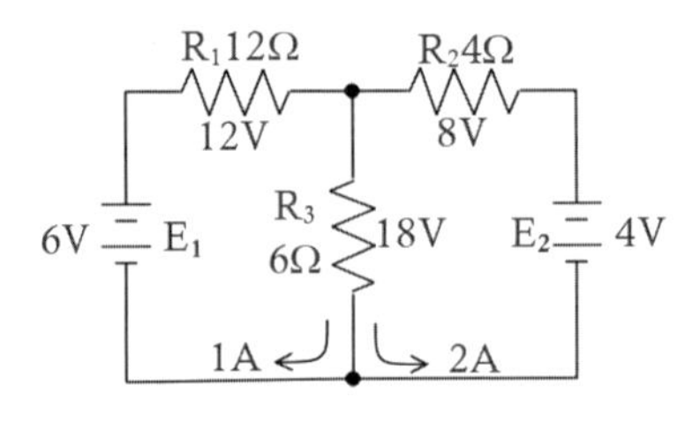

그림 5-42. 복합회로의 전류와 전압

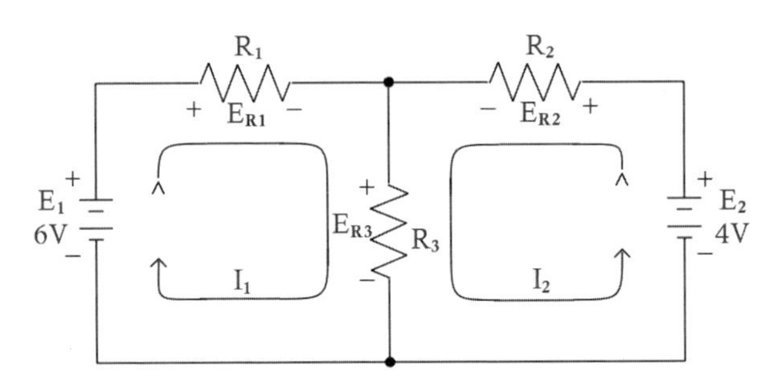

그림 5-43. 복합회로의 전류와 전압 계산

$$E_1 - E_{R1} - E_{R3} = 0,\ E_{R1} = R_1 I_1$$

$$E_2 - E_{R2} - E_{R3} = 0,\ E_{R2} = R_2 I_2$$

실험실습 준비물은 breadboard, 실습보드 Kirchhoff의 법칙, dual output DC 전원공급기(power supply), 디지털 멀티미터 2대, 회로 연결 코드이다. 실험실습 진행은 Kirchhoff의 전압법칙을 실험하기 위한 breadboard이다. DC 전원 공급기의 출력을 30 V로 하여 그림 5-44와 같이 실습보드의 회로의 단자에 연결한다. 그리고 디지털 멀티미터를 DC전류 2 A를 측정 범위로 하여 그림 5-45의 a, b단자에 연결한다.

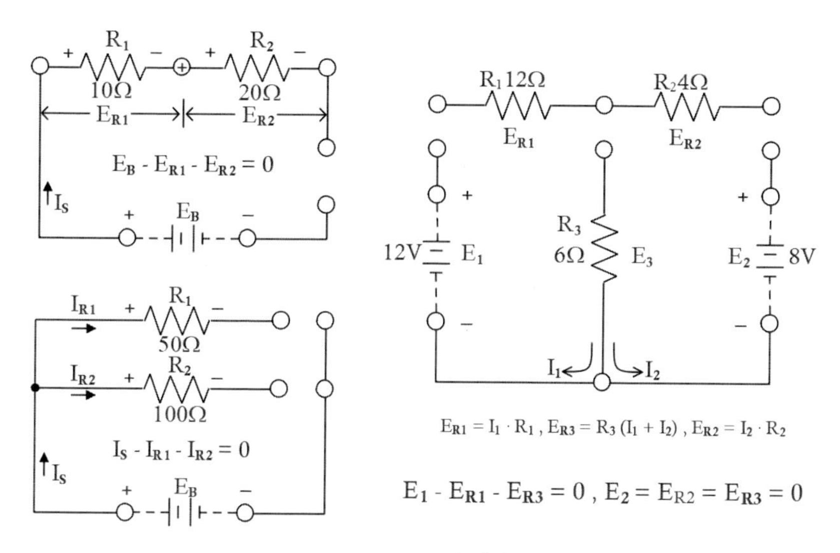

그림 5-44. Kirchhoff의 법칙 실습 회로

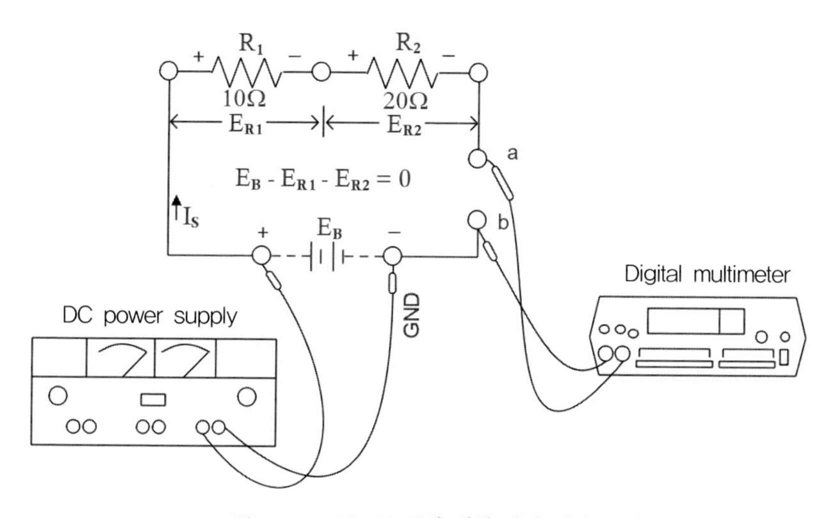

그림 5-45. Kirchhoff의 법칙 장비 단자 연결

디지털 멀티미터를 사용하여 R_1과 R_2의 양단 전압 E_{R1}과 E_{R2} 값을 측정 한다. 이 전압극성을 식으로 나타내면 $E_B - E_{R1} - E_{R2} = 0$이 된다. 그 내용은 그림 5-46에서 보여준다. 이 결과에서 측정된 회로전류 I_S를 이용하여 E_{R1}과 E_{R2}의 측정 결과와 일치하는지를 확인한다.

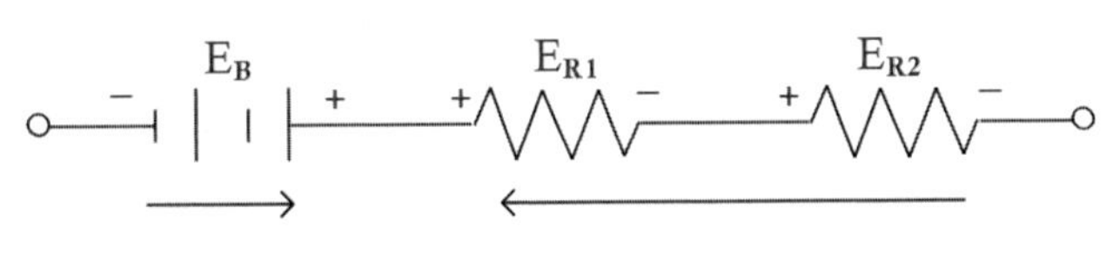

그림 5-46. Kirchhoff의 법칙의 전압 극성

그림 5-46에서와 같이 전원공급기와 디지털 멀티미터를 연결한다. 이 경우 DC 전원공급기의 출력은 30 V로 한다. 멀티미터는 둘 다 DC 2 A 범위에 둔다.

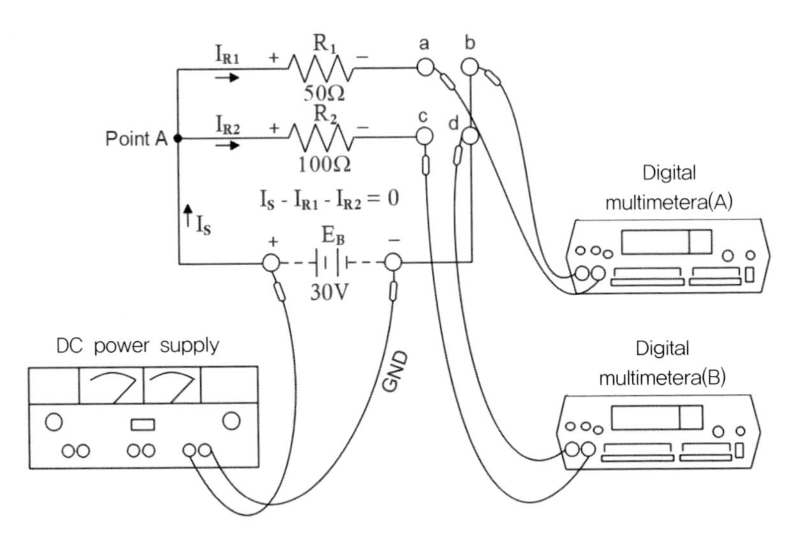

그림 5-47. Kirchhoff의 전류법칙 실습

여기서 그림 5-46의 측정은 30 V의 전압에 의한 I_{R1} 및 I_{R2} 전류를 계산 한다. 측정값이 이론적으로 얻는 결과와 일치하는지를 확인한다. 여기서 관계식은 $I_S=I_{R1}+I_{R2}$이다.

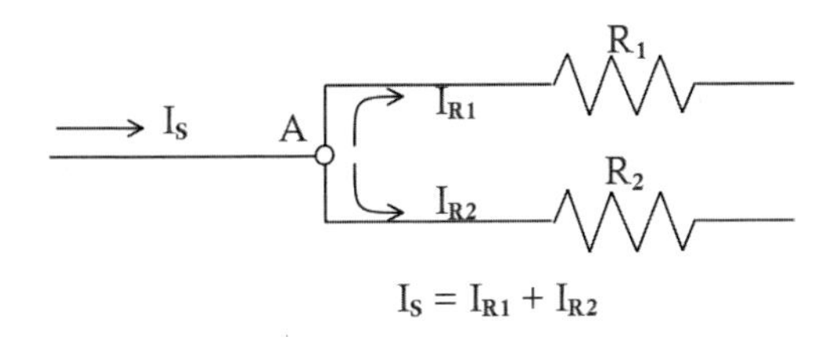

그림 5-48. Kirchhoff의 전류법칙 적용

다음은 전원공급기의 출력을 12 V 및 18 V로 하여 그림 5-49와 같이 E_1 및 E_2 단자에 연결한다. 디지털 멀티미터를 이용하여 E_{R1}, E_{R2}, E_{R3} 전압을 측정한다.

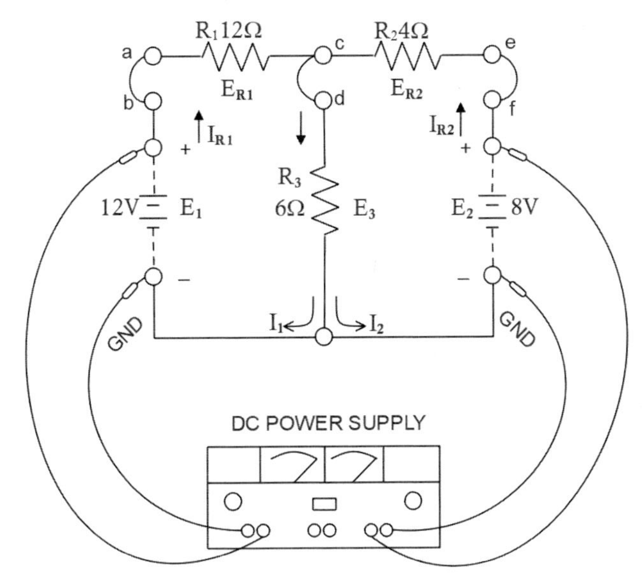

그림 5-49. Kirchhoff의 전류법칙 실습

디지털 멀티미터를 사용하여 a~b, c~d, e~f 간의 전류를 측정하여 기록한다. 이를 각각 I_{R1}, I_{R2}, I_{R3} 전류로 기록한다. 여기서 a~b, c~d, e~f 간 코드의 연결은 전류를 측정할 때에는 해체시킨다. 다른 경우 Kirchhoff의 법칙을 이용하지 않고 superposition 원리나 다른 방법으로 계산해도 그 결과는 일치한다. 이상의 결과를 요약하면 voltage source와 부하, 즉 voltage drop의 전압극성은 전류의 한 회전 방향에서 볼 때는 서로 반대 극성을 나타내며, voltage source가 몇 개이든 이들의 폐회로에서의 voltage의 합은 voltage drop의 합과 같다.

부록

1. 항공 전자회로
2. 물리 전기전자 공식

1. 항공 전자회로

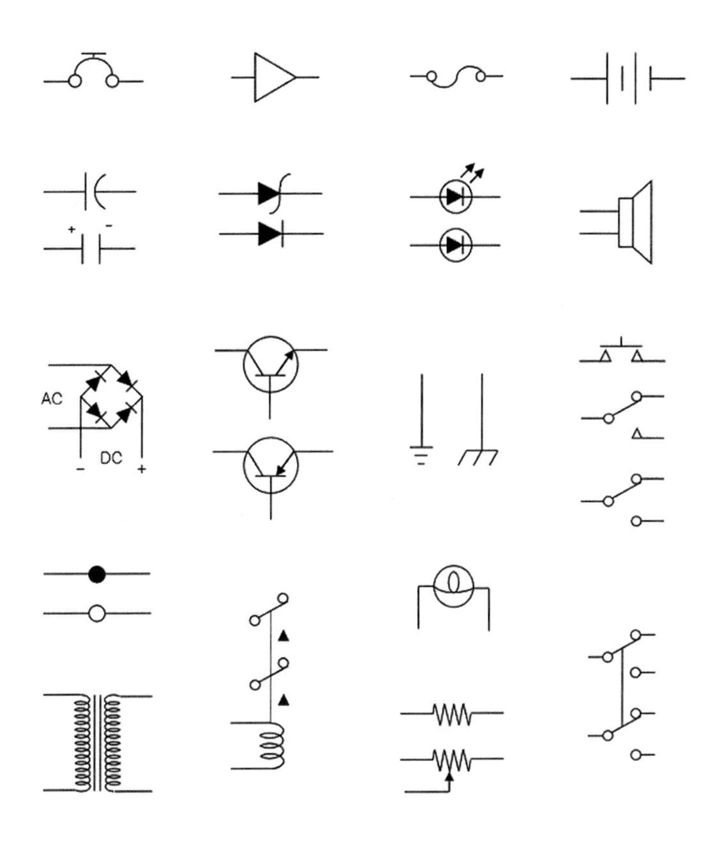

Batteries

Single-cell

Multi-cell (battery)

Audible devices

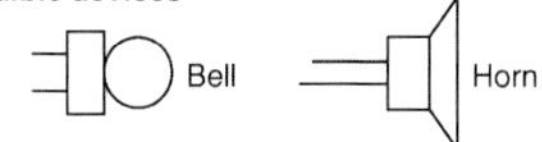

Busbar

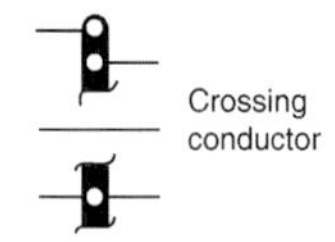

Test jack

Slip ring

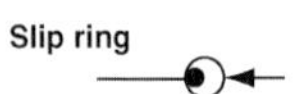

Connector test point

Single pin connector

Resistors

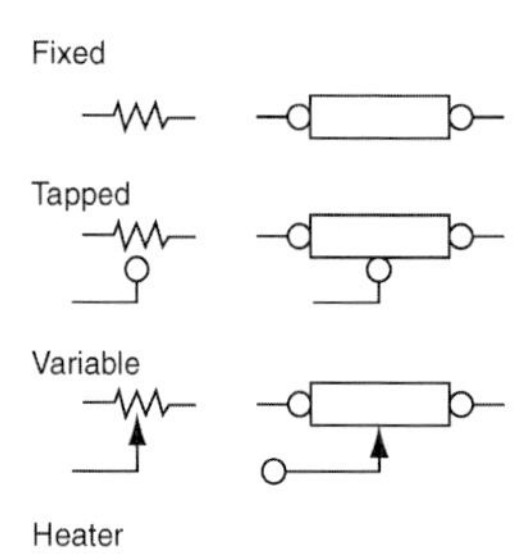

Ballast

Fuse

Gearbox

Grounds

Internal

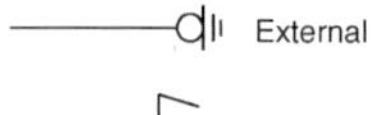

Chassis

Warning lights

Meters

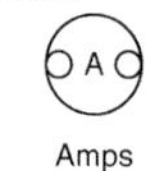

Amps Volts Frequency

Shunt

A B

C D

Complete connector

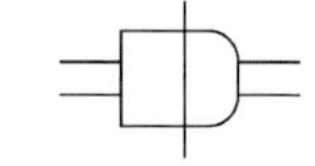

Receptacle plug

Wires

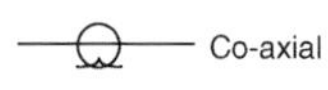

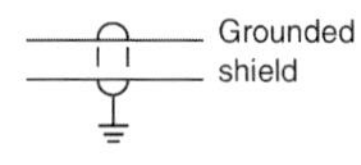

Semiconductors

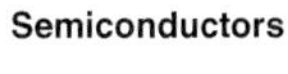

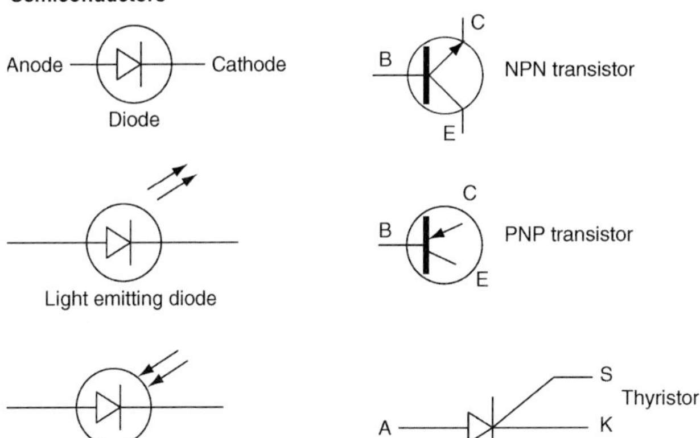

Transformers

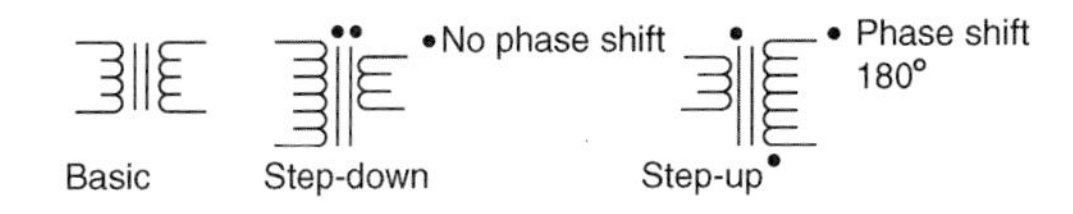

Auto

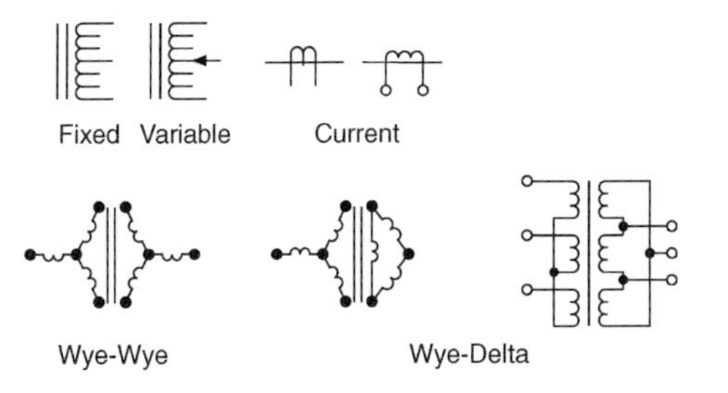

Thermal devices

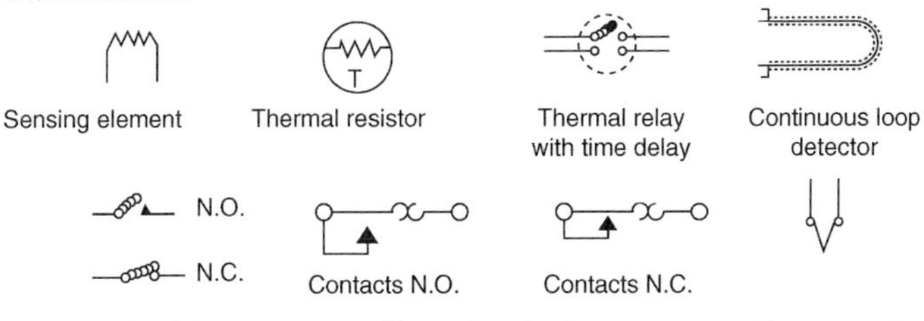

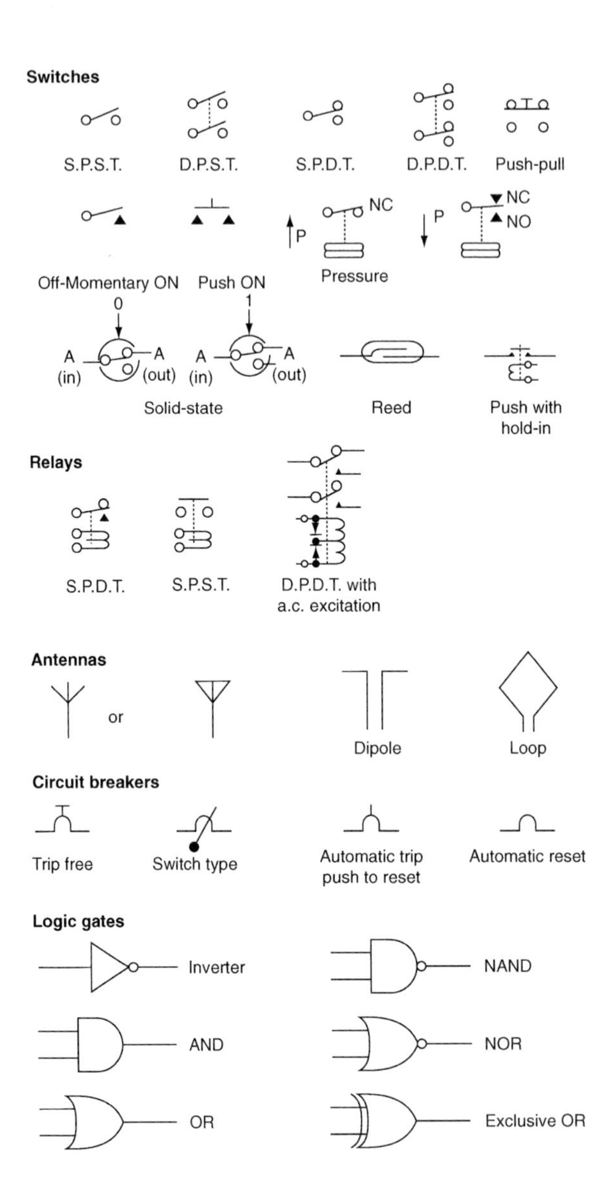
Switches
S.P.S.T.
D.P.S.T.
S.P.D.T.
D.P.D.T.
Push-pull
NC
P
P
NC
NO
Off-Momentary ON
Push ON
Pressure
0
1
A
(in)
A
(out)
A
(in)
A
(out)
Solid-state
Reed
Push with
hold-in
Relays
S.P.D.T.
S.P.S.T.
D.P.D.T. with
a.c. excitation
Antennas
or
Dipole
Loop
Circuit breakers
Trip free
Switch type
Automatic trip
push to reset
Automatic reset
Logic gates
Inverter
NAND
AND
NOR
OR
Exclusive OR

2. 물리 전기전자 공식

Electron = -1.60219×10^{-19} C = $9.11 \times 10^{-31} kg$
Proton = 1.60219×10^{-19} C = $1.67 \times 10^{-27} kg$
Neutron = 0 C = $1.67 \times 10^{-27} kg$
6.022×10^{23} atoms in one atomic mass unit
e is the elementary charge: 1.60219×10^{-19}C
Potential Energy, velocity of electron: PE = eV = $^1/mv^2$

1 V = 1J/C 1N/C = 1V/m 1J = 1 N · m = 1 C · V
1 amp = 6.21×10^{18} electrons/second = 1 Coulomb/second
1 hp = 0.756 kW 1 N = 1 T · A · m 1 Pa = 1 N/m²
Power = Joules/second = I^2R = IV [watts W]

Quadratic Equation: $X = \dfrac{-b \pm \sqrt{b^2 - 4ac}}{2a}$

Kinetic Energy [J]: KE = $\dfrac{1}{2}mv^2$

[Natural Log: when e^b=x, In x=b]
m: 10^{-5} μ: 10^{-5} n: 10^{-9} p: 10^{-12} f: 10^{-15} a: 10^{-18}

Addition of Multiple Vectors:

$\vec{R} = \vec{A} + \vec{B} + \vec{C}$ Resultant = Sum of the vectors
$\vec{R_x} = \vec{A_x} + \vec{B_x} + \vec{C_s}$ x-component $A_x = A\cos\theta$
$\vec{R_y} = \vec{A_y} + \vec{B_y} + \vec{C_y}$ y-component $Ay = A\sin\theta$
$R = \sqrt{R_x{}^2 + R_y{}^2}$ Magnitude (length) of R
$\theta_R = \tan^{-1}\dfrac{R_y}{R_x}$ or $\tan\theta_R = \dfrac{R_y}{R_x}$ Angle of the resultant

Multiplication of Vectors:

Cross Product or Vector Product: Positive direction:

$i \times j = k$ $j \times i = -k$
$i \times i = 0$

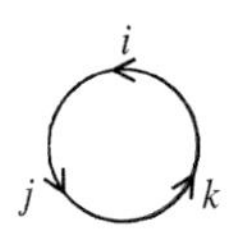

Dot Product or Scalar Product:

$i \times j = 0$ $i \times i = 1$
a · b = $ab\cos\theta$

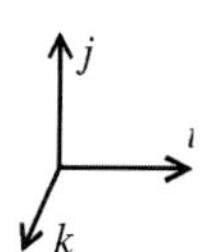

Derivative of Vectors:

Velocity is the derivative of position with respect to time:

$$V = \frac{d}{dt}(x\,i + yj + zk) = \frac{dx}{dt}i + \frac{dy}{dt}j + \frac{dz}{dt}k$$

Acceleration is the derivative of velocity with respect to time:

$$a = \frac{d}{dt}(v_x i + v_y j + v_x k) = \frac{dv_x}{dt}i + \frac{dv_y}{dt}j + \frac{dv_z}{dt}k$$

Rectangular Notation: $Z = R \pm jX$ where $+j$ represents inductive reactance and $-j$ represents capacitive reactance. For example, $Z = 8 + j6\Omega$ means that a resistor of 8Ω is is series with an inductive reactance of 6Ω.
Polar Notation: $Z = M\angle\theta$, where M is the magnitude of the reactance and θ is the direction with respect to the horizontal (pure resistance) axis. For example, a resistor of 4Ω in series with a capacitor with a reactance of 3Ω would be expressed as $5\angle -36.9°\,\Omega$
In the descriptions above, impedance is used as an example. Rectangular and polar Notation can also be used to express amperage, voltage, and power.

To convert from rectangular to polar notation:
Given: $X - jY$ (careful with the sign before the "j")

Magnitude: $\sqrt{X^2 + Y^2} = M$
Angle: $\tan\theta = \dfrac{-Y}{X}$ (negative sign carried over from rectangular notation in this example)

Note: Due to the way the calculator works, if X is negative, you must add 180° after taking the inverse tangent. if the result is greater than 180°, you may optionally subtract 360° to obtain the value closest to the reference angle.

To convert from polar to rectangular (j) notation:
Given: $M\angle\theta$
X Value: $M\cos\theta$
Y(j) Value: $M\sin\theta$

In conversion, the j value will have the same sign as the θ value for angles having a magnitude < 180°.
Use rectangular notation when adding and subtracting
Use polar notation for multiplication and division. multiply in polar notation by multiplying the magnitudes and adding the angels. Divide in polar notation by dividing the magnitudes and subtracting the denominator angle from the numerator angle.

ELECTRIC CHARGES AND FIELDS

Coulomb's Law: [Newtons N]

$$F = k\frac{|q_1||q_2|}{r^2}$$

where: F = force on one charge by the other[N]
$k = 8.99 \times 10^9$ [N · m²/C²]
q_1 = charge [C]
q_2 = charge [C]
r = distance [m]

Electric Field: [Newtons/Coulomb or Volts/Meter]

$$E = k\frac{|q|}{r^2} = \frac{|F|}{|q|}$$

where: E = electric field [N/C or V/m]
$k = 8.99 \times 10^9$ [N · m²/C²]
q_1 = charge [C]
r = distance [m]
F = force

Electric field lines radiate outward from positive charges. The electric field is zero inside a conductor.

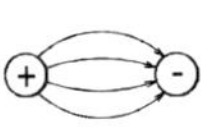

Relationship of k to $\in_0$:

$$k = \frac{1}{4\pi \in_0}$$

where: $k = 8.99 \times 10^9$ [N · m²/C²]
$\in_0$ = permittivity of free space 8.85×10^{-12} [C²/M · m²]

Electric Field due to an Infinite Line of Charge: [N/C]

$$E = \frac{\lambda}{2\pi \in_0 r} = \frac{2k\lambda}{r}$$

E = electric field [N/C]
λ = charge per unit length [C/m]
$\in_0$ = permittivity of free space 8.85×10^{-12} [C²/N · m²]
r = distance [m]
$k = 8.99 \times 10^9$ [N · m²/C²]

Electric Field due to ring of Charge: [N/C]

$$E = \frac{kqz}{(z^2 + R^2)^{3/2}}$$

or if z >> R, $E = \frac{kq}{z^2}$

E = electric field [N/C]
$k = 8.99 \times 10^9$ [N · m²/C²]
q = charge [C]
z = distance to the charge [m]
R = radius of the ring [m]

Electric Field due to disk of Charge: [N/C]

$$E = \frac{\sigma}{2\in_0}\left(1 - \frac{z}{\sqrt{z^2 + R^2}}\right)$$

E = electric field [N/C]
σ = charge per unit area [C/m²]
$\in_0 = 8.85 \times 10^{-12}$ [C²/N · m²]
z = distance to the charge [m]
R = radius of the ring [m]

Electric Field due to an infinite sheet: [N/C]

$$E = \frac{\sigma}{2\in_0}$$

E = electric field [N/C]
σ = charge per unit area [C/m²]
$\in_0 = 8.85 \times 10^{-12}$ [C²/N · m²]

Electric Field inside a spherical shell: [N/C]

$$E = \frac{kqr}{R^3}$$

E = electric field [N/C]
q = charge [C]
r = distance from center of sphere to the charge [m]
R = radius of the sphere [m]

Electric Field outside a spherical shell: [N/C]

$$E = \frac{kq}{r^2}$$

E = electric field [N/C]
q = charge [C]
r = distance from center of sphere to the charge [m]

Average Power per unit area of an electric of magnetic field:

$$W/m^2 = \frac{E_m^{\ 2}}{2\mu_0 c} = \frac{B_m^{\ 2} c}{2\mu_0}$$

W = watts
E_m = max. electric field [N/C]
$\mu_0 = 4\pi \times 10^{-7}$
$c = 2.99792 \times 10^8$ [m/s]
B_m = max. magnetic field [T]

A positive charge moving in the same direction as the electric field direction loses potential energy since the potential of the electric field diminishes in this direction.

Equipotential lines cross EF lines as right angles.

Electric Dipole: Two charges of equal magnitude and opposite polarity separated by a distance d.

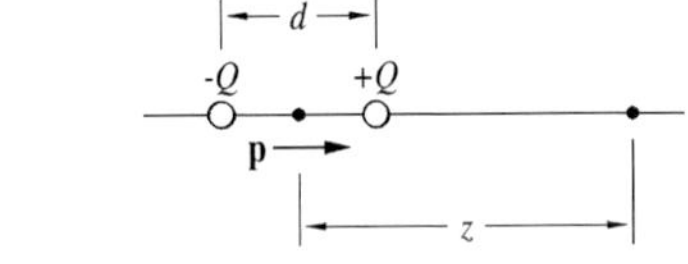

$$E = \frac{2kp}{z^3}$$

$$E = \frac{1}{2\pi \in_0}\frac{p}{z^3}$$

when $z >> d$

E = electric field [N/C]
$k = 8.99 \times 10^9$ [N · m²/C²]
$\in_0$ = permittivity of free space 8.85×10^{-12} [C²/N · m²]
$p = qd$ [C·m]"electric dipole moment" in the direction negative to positive
Z = distance [m] from the dipole center to the point along the dipole axis where the electric field is to be measured

Deflection of a Particle in an Electric Field:

$$2ymv^2 = qEL^2$$

y = deflection [m]
m = mass of the particle [kg]
d = plate separation [m]
v = speed [m/s]
q = charge [C]
E = electric field [N/C or V/m]
L = length of plates [m]

Potential Difference between two points: [volts V]

$\triangle V = V_B - V_A = \frac{\triangle PE}{q} = -Ed$

$\triangle PE$ = work to move a charge from A to B [N · m or J]
q = charge [C]
V_B = potential at B [V]
V_A = potential at A [V]
E = electric field [N/C or V/m]
d = plate separation [m]

Electric Potential due to a Point Charge: [volts V]

$V = k\frac{q}{r}$

V = potential [volts V]
k = 8.99×10^9 [N · m²/C²]
q = charge [C]
r = distance [m]

Potential Energy of a Pair of Charge: [J, N · M or C · V]

$PE = q_2 V_1 = k\frac{q_1 q_2}{r}$

V_1 is the electric potential due to q_1 at a point P

$q_2 V_1$ is the work required to bring q_2 from infinity to point P

Work and Potential:

$\triangle U = U_f - U_i = -W$

$U = -W_\infty$

$W = \mathrm{F} \cdot \mathrm{d} = Fd\cos\theta$

$W = q\int_i^f \mathrm{E} \cdot ds$

$\triangle V = V_f - V_i = -\frac{W}{q}$

$V = -\int_i^f \mathrm{E} \cdot ds$

U = electric potential energy [J]
W = work done on a particle by a field [J]
W_∞ = work done on a particle brought from infinity (zero potential) to its present location [J]
F = is the force vector [N]
d = is the distance vector over which the force is applied [m]
F = is the force scalar [N]
d = is the distance scalar [N]
θ = is the angle between the force and distance vectors
ds = differential displacement of the charge [m]
V = volts [V]
q = charge [C]

Flux: the rate of flow (of an electric field) [N · m²/C]

$\Phi = \oint \mathrm{E} \cdot d\mathrm{A}$

$= \int E(\cos\theta)dA$

Φ is the rate of flow of an electric field [N · m²/C]
$\oint$ integral over a closed surface
E is the electric field vector [N/C]
A is the area vector [m²] pointing outward normal to the surface

Gauss' Low:

$\in_0 \Phi = q_{enc}$

$\in_0 \oint \mathrm{E} \cdot d\mathrm{A} = q_{enc}$

$\in_0 = 8.85 \times 10^{-12}$ [C²/N · m²]
Φ is the rate of flow of an electric field [N · m²/C]
q_{enc} = charge with in the gaussian surface [C]
E = is the electric field vector [J]
A = is the area vector [m²] pointing outward normal to the surface.

CAPACITANCE

Parallel-Plate Capacitor:

$C = k\in_0 \frac{A}{d}$

C = capacitance [farads F]
k = the dielectric constant (1)
$\in_0$ = permittivity of free space 8.85×10^{-12} [C²/N · m²]
A = area of one plate [m²]
d = separation between plates [m]

Cylindrical capacitor:

$C = 2\pi k\in_0 \frac{L}{\ln(b/a)}$

C = capacitance [farads F]
k = dielectric constant (1)
$\in_0$ = 8.85×10^{-12} [C²/N · m²]
L = length [m]
b = radius of the outer conductor [m]
a = radius of the inner conductor [m]

Spherical Capacitor:

$C = 4\pi k\in_0 \frac{ab}{b-a}$

C = capacitance [farads F]
k = dielectric constant (1)
$\in_0$ = 8.85×10^{-12} [C²/N · m²]
b = radius, outer conductor [m]
a = radius, inner conductor [m]

Maximum Charge on a Capacitor: [Coulombs C]

$Q = VC$

Q = Coulombs [C]
V = Volt [V]
C = capacitance in farads [F]

For capacitors connected in series, the charge Q is equal for each capacitor as well as for the total equivalent. if the dielectric constant k is changed, the capacitance is multiplied by k, the voltage is divided by k, and Q is unchanged. In a vacuum k = 1, when dielectrics are used, replace $\in_0$ with $K\in_0$.

Electrical Energy Stored in a Capacitor: [Joules J]

$U_E = \frac{QV}{2} = \frac{CV^2}{2} = \frac{Q^2}{2C}$

U = Potential Energy [J]
Q = Coulombs [C]
V = volts [V]
C = capacitance in farads [F]

Charge per unit Area: [C/m^2]

$\sigma = \frac{q}{A}$

σ = charge per unit area [C/m^2]
q = charge [C]
A = area [m^2]

Energy Density: (in a vacuum) [J/M^3]

$u = \frac{1}{2} \in_0 E^2$

u = energy per unit volume [J/m^3]
$\in_0$ = permittivity of free space
8.85×10^{-12} C^2/N · m^2
E = energy [J]

Capacitors in series:

$\frac{1}{C_{off}} = \frac{1}{C_1} = \frac{1}{C_2} \cdots$

Capacitors in parallel:

$C_{off} = C_1 + C_2 \cdots$

Capacitors connected in series all have the same charge q.
For parallel capacitors the total q is equal to the sum of the charge on each capacitor.

Time constant: [seconds]

$\tau = RC$

τ = time it takes the capacitor to reach 63.2% of its maximum charge [seconds]
R = series resistance [ohms Ω]
C = capacitance [farads F]

Charge of Voltage after t Seconds: [Coulombs C]

charging:
$q = Q(1-e^{-t/\tau})$
$V = V_s(1-e^{-t/\tau})$
discharging:
$q = Qe^{-t/\tau}$
$V = V_s e^{-t/\tau}$

q = charge after t seconds [coulombs C]
Q = maximum charge [coulombs C]
$Q = CV$
e = natural log
t = time [seconds]
τ = time constant RC [seconds]
V = volts [V]
V_s = supply volts [V]

[Natural Log: when $e^b = x$, $In\ x = b$]

Drift Speed:

$I = \frac{\Delta Q}{\Delta T} = (nqv_d A)$

ΔQ = # of carriers $\times$charge/carrier
Δt = time in seconds
n = # of carriers
q = charge on each carrier
v_a = drift speed in meters/second
A = cross-sectional area in meters^2

RESISTANCE

Emf: A voltage source which can provide continuous current [volts]

$\varepsilon = IR + Ir$

ε= emf open-circuit voltage of the battery
I = current [amps]
R = load resistance [ohms]
r = internal battery resistance [ohms]

Resistivity: [Ohm meters]

$\rho = \frac{E}{J}$

$\rho = \frac{RA}{L}$

ρ = resistivity [Ω • m]
E = electric field [N/C]
J = current density [A/m^2]
R = RESISTANCE [Ω ohms]
A = area [m^2]
L = length of conductor [m]

Variation of Resistance with Temperature:

$\rho - \rho_0 = \rho_0 \alpha (T - T_0)$

ρ = resistivity [Ω • m]
ρ_0 = reference resistivity [Ω • m]
α = temperature coefficient of resistivity [K^{-1}]
T_0 = reference temperature
$T - T_0$ = temperature difference [K or C°]

CURRENT

Current Density: [A/m^2]

$i = \int J \cdot dA$

if current is uniform and parallel to dA. then: $i = JA$

$J = (ne)V_d$

i = current [A]
J = current density [A/m^2]
A = area [m^2]
L = length of conductor [m]
e = charge per carrier
ne = carrier charge density [C/m^3]
V_d = drift speed [m/s]

Rate of Change of Chemical Energy in a Battery:

$P = i\varepsilon$

P = power [W]
i = current [A]
ε = emf potential [V]

Kirchhoff's Rules

1. The sum of the currents entering a junctions is equal to the sum of to currents leaving the junction.
2. the sum of potential differences across all the elements around a closed loop mist be zero.

Evaluating Circuits Using Kirchhoff's Rules

1. Assign current variables and direction of flow to all branches of the circuit. If your choice of direction is incorrect, the result will be a negative number. Derive equation(s) for these currents based on the rule that currents entering a junction equal currents exiting the junction.
2. Apply kirchhoff's loop rule in creating equations for different current paths in the circuit. For a current path beginning and ending at the same point, the sum of voltage drops/gains is zero. When evaluating a loop in the direction of current flow, resistances will cause drops(negatives); voltage sources will cause rises (positives) provided they are crossed negative to positive-otherwise they will be drops as well.
3. The number of equations should equal the number of variables. Solve the equations simultaneously.

MAGNETISM

Andre-Marie **Ampére** is credited with the discovery of electromagnetism, the relationship between electric currents and magnetic fields.

Heinrich **Hertz** was the first to generate and detect electromagnetic waves in the laboratory.

Magnetic Force acting on a charge q: [Newtons N]

$F = qvB\sin\theta$
$F = qv \times B$

F = force [N]
q = charge [C]
v = velocity [m/s]
B = magnetic field [T]
θ = angle between v and B

Right-Hand Rule: Fingers represent the direction of the magnetic force B, thumb represents the direction of v (at any angle to B), and the force F on a positive charge emanates from the palm. The direction of a magnetic field is from **north to south**. Use the left hand for a negative charge.

Also, if a **wire** is grasped in the right hand with the thumb in the direction of current flow, the fingers will curl in the direction of the magnetic field.

In a solenoid with current flowing in the direction of curled fingers, the magnetic field is in the direction of the thumb.

When applied to electrical flow caused by a changing **magnetic field**, things get more complicated. consider the north pole of a magnet moving toward a loop of wire (magnetic field increasing).

The thumb represents the north pole of the magnet, the fingers suggest current flow in the loop. However, electrical activity will serve to balance the change in the magnetic field, so that current will actually flow in the opposite direction. If the magnet was being withdrawn, then the suggested current flow would be decreasing so that the actual current flow would be in the direction of the fingers in this case to oppose the decrease. Now consider a cylindrical area of magnetic field going into a page.

With the thumb pointing into the page, this would suggest an electric field orbiting in a clockwise direction, If the magnetic field was increasing, the actual electric field would be CCW in opposition to the increase. An electron in the field would travel opposite the field direction (CW) and would experience a negative change in potential.

Force on a Wire in a Magnetic Field: [Newtons N]

$F = BIl\sin\theta$

$F = Il \times B$

F = force [N]
B = magnetic field [T]
I = amperage [A]
l = length [m]
θ = angle between B and the direction of the current

Torque on a Rectangular Loop: [Newton·meters N · m]

$\tau = NBIA\sin\theta$

N = number of turns
B = magnetic field [T]
I = amperage [A]
A = area [m^2]
θ = angle between B and the plane of the loop

Charged Particle in a Magnetic Field:

$$r = \frac{mv}{qB}$$

r = radius of rotational path
m = mass [kg]
v = velocity [m/s]
q = charge [C]
B = magnetic field [T]

Magnetic Field Around a Wire: [T]

$$B = \frac{\mu_0 I}{2\pi r}$$

B = magnetic field [T]
μ_0 = the permeability of free space $4\pi \times 10^{-7}$ T·m/A
I = current [A]
r = distance from the center of the conductor

Magnetic Field at the center of an Arc: [T]

$$B = \frac{\mu_0 i \phi}{4\pi r}$$

B = magnetic field [T]
μ_0 = the permeability of free space $4\pi \times 10^{-7}$ T·m/A
i = current [A]
ϕ = the arc in radians
r = distance from the center of the conductor

Hall Effect: Voltage across the width of a conducting ribbon due to a Magnetic Field:

$(ne)V_w h = Bi$

$v_d BW = V_w$

ne = carrier charge density [C/m^3]
V_w = voltage across the width [V]
h = thickness of the conductor [m]
B = magnetic field [T]
i = current [A]
v_d = drift velocity [m/s]
w = width [m]

Force Between Two Conductors: The force is attractive if the currents are in the same direction.

$$\frac{F_1}{l} = \frac{\mu_0 I_1 I_2}{2\pi d}$$

F = force [N]
l = length [m]
μ_0 = the permeability of free space $4\pi \times 10^{-7}$ T·m/A
I = current [A]
d = distance center to center [m]

Magnetic Field Inside of a Solenoid: [Teslas T]

$B = \mu_0 nI$

B = magnetic field [T]
μ_0 = the permeability of free space $4\pi \times 10^{-7}$ T·m/A
n = number of turns of wire per unit length [#/m]
I = current [A]

Magnetic Dipole Moment: [J/T]

$\mu = NiA$

μ = the magnetic dipole moment [J/T]
N = number of turns of wire
i = current [A]
A = area [m^2]

Magnetic Flux through a closed loop: [T·M^2 or Webers]

$\Phi = BA\cos\theta$

B = magnetic field [T]
A = area of loop [m^2]
θ = angle between B and the perpendicular to the plane of the loop

Magnetic Flux for a changing magnetic field: [T · M² or Webers]

$\Phi = \int B \cdot dA$

B = magnetic field [T]
A = area of loop [m²]

A Cylindrical Changing Magnetic Field

$\oint E \cdot ds = E 2\pi r = \frac{d\Phi_B}{dt}$
$\Phi_B = BA = B\pi r^2$
$\frac{d\Phi}{dt} = A\frac{dB}{dt}$
$\varepsilon = -N\frac{d\Phi}{dt}$

E = electric field [N/C]
r = radius [m]
t = time [s]
Φ = magnetic flux [T · m² or Webers]
B = magnetic field [T]
A = area of magnetic field [m²]
dB/dt = rate of change of the magnetic field [T/s]
ε = potential [V]
N = number of orbits

Faraday's Law of Induction states that the instan-taneous emf induced in a circuit equals the rate of change of magnetic flux through the circuit. Michael Faraday mad fundamental discoveries in magnetism, electricity, and light.

$\varepsilon = -N\frac{\Delta\Phi}{\Delta t}$

N = number of turns
Φ = magnetic flux [T · m²]
t = time [s]

Lenz's Law states that the polarity of the induced emf is such that it produces a current whose magnetic field opposes the change in magnetic flux through a circuit

Motional's emf is induced when a conducting bar moves through a perpendicular magnetic field.

$\varepsilon = Blv$

B = magnetic field [T]
l = length of the bar [m]
v = speed of t he bar [m/s]

emf Induced in a Rotating Coil:

$\varepsilon = NABw \sin wt$

N = number of turns
A = area of loop [m²]
B = magnetic field [T]
w = angular velocity [rad/s]
t = time [s]

Self-Induced emf in a Coil due to changing current:

$\varepsilon = -L\frac{\Delta I}{\Delta t}$

L = inductance [H]
I = current [A]
t = time [s]

Inductance per unit length near the center of a solenoid:

$\frac{L}{l} = \mu_0 n^2 A$

L = inductance [H]
l = length of the solenoid [m]
μ_0 = the permeability of free space $4\pi \times 10^{-7}$ T · m/A
n = number of turns of wire per unit length [#/m]
A = area [m²]

Ampere's Law

$\oint B \cdot ds = \mu_0 i_{enc}$

B = magnetic field [T]
μ_0 = the permeability of free space $4\pi \times 10^{-7}$
i_{enc} = current encircled by the loop [A]

Joseph **Henry**, American physicist, made improvements to the electromagnet.

James Clerk **Maxwell** provided a theory showing the close relationship between electric and magnetic phenomena and predicted that electric and magnetic fields could move through space as waves.

J. J. **Thompson** is credited with the discovery of the electron in 1897.

INDUCTIVE & RCL CIRCUITS

Inductance of a Coil: [H]

$L = \frac{N\Phi}{I}$

N = number of turns
Φ = magnetic flux [T · m²]
I = current [A]

In an RL Circuit, after one time constant ($\tau = L/R$) the current in the circuit is 63.2% of its final value, ε/R.

RL Circuit:

current rise:

$I = \frac{V}{R}(1 - e^{-t/\tau_L})$

current decay:

$I = \frac{V}{R}e^{-t/\tau_L}$

U_B = potential Energy [J]
V = volts [V]
R = resistance [Ω]
e = natural log
t = time [seconds]
τ_L = inductive time constant L/R [s]
I = current [A]

Magnetic Energy Stored in an inductor:

$U_B = \frac{1}{2}LI^2$

U_B = Potential Energy [J]
L = inductance [H]
I = current [A]

Electrical Energy Stored in an Capacitor: [Joules J]

$U_E = \frac{QV}{2} = \frac{CV^2}{2} = \frac{Q^2}{2C}$

U_E = Potential Energy [J]
Q = Coulombs [C]
V = volts [V]
C = capacitance in farads [F]

Resonant Frequency: The frequency at which $X_L = X_C$. In a **series**-resonant circuit, the impedance is at its minimum and the current is at its maximim. For a **parallel**-resonant circuit, the opposite is true.

$f_R = \frac{1}{2\pi\sqrt{LC}}$
$w = \frac{1}{\sqrt{LC}}$

F_R = Resonant Frequency [Hz]
L = inductance [H]
C = capacitance in farads [F]
w = angular frequency [rad/s]

Voltage. series circuits: [V]

$V_c = \frac{q}{C}$ $V_R = IR$

$\frac{V_X}{X} = \frac{V_R}{R} = I$

$V^2 = V_R^2 + V_R^2$

V_C = voltage across capacitor [V]
q = charge on capacitor [C]
f_R = Resonant Frequency [Hz]
L = inductance [H]
C = capacitance in farads [F]
R = resistance [Ω]
I = current [A]
V = supply voltage [V]
V_X = voltage across reactance [V]
V_R = voltage across resistor [V]

Phase Angle of a series RL or RC circuit: [degrees]

$\tan\phi = \frac{X}{R} = \frac{V_X}{V_R}$

$\cos\phi = \frac{V_R}{V} = \frac{R}{Z}$

(ϕ would be negative in a capacitive circuit)

ϕ = Phase Angle [degrees]
X = reactance [Ω]
R = resistance [Ω]
V = supply voltage [V]
V_X = voltage across reactance [V]
V_X = voltage across resistor [V]
Z = impedance [Ω]

Impedance of a series RL or RC circuit: [Ω]

$Z^2 = R^2 + X^2$

$E = IZ$

$\frac{Z}{V} = \frac{X_C}{V_C} = \frac{R}{V_R}$

$Z = R \pm jX$

ϕ = Phase Angle [degrees]
X = reactance [Ω]
R = resistance [Ω]
V = supply voltage [V]
V_X = voltage across reactance [V]
V_X = voltage across resistor [V]
Z = impedance [Ω]

Series RCL Circuits:

The Resultant phasor $X = X_L - X_C$ is in the direction of the larger reactance and determines whether the circuit is inductive or capacitive. if X_L is larger than X_C, than the circuit is inductive and X is a vector in the upward direction.

In series circuits, the amperage is the reference (horizontal) vector. This is observed on the oscilloscope by looking at the voltage across the resistor. The two vector diagrams at right illustrate the phase relationship between voltage, resistance, reactance, and amperage.

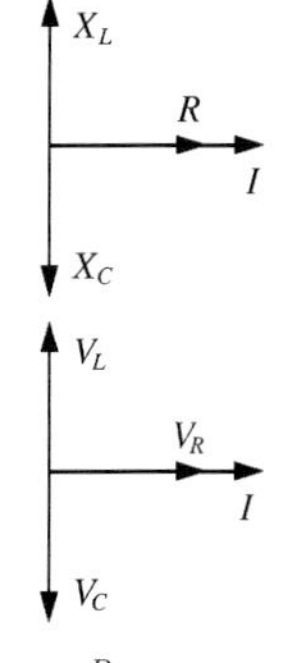

Series RCL Impedance

$Z^2 = R^2 + (X_L - X_C)^2$ $Z = \frac{R}{\cos\phi}$

Impedance may be found by adding the components using vector algebra. By converting the result to polar notation, the phase angle is also found.

For multielement circuits, total each resistance and reactance before using the above formula.

Damped Oscillations in an RCL Series Circuit:

$q = Qe^{-Rt/2L}\cos(w't + \phi)$

where

$w' = \sqrt{w^2 - (R/2L)^2}$

$w = 1/\sqrt{LC}$

when R is small and $w' \approx w$:

$U = \frac{Q^2}{2C}e^{-Rt/L}$

q = charge on capacitor [C]
Q = maximum charge [C]
e = natural log
R = resistance [Ω]
L = inductance [H]
w = angular frequency of the undamped oscillations[rad/s]
w = angular frequency of the damped oscillations [rad/s]
U = Potential Energy of the capacitor [J]
C = capacitance in farads [F]

Parallel RCL Circuits:

$I_r = \sqrt{I_R^2 + (I_C - I_L)^2}$

$\tan\phi = \frac{I_C - I_L}{I_R}$

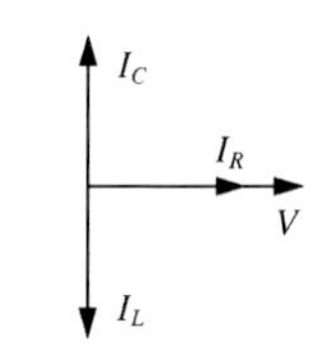

To find total current and phase angle in multielement circuits, find I for each path and add vectorally. Note that when converting converting between current and resistance, a division will take place requiring the use of polar notation and resulting in a change of sign for the angle since it will be divided into (subtracted from) an angle of zero.

Equivalent Series Circuit: Given the Z in polar notation of a parallel circuit, the resistance and reactance of the equivalent series circuit is as follows:

$R = Z_r \cos\theta$ $X = Z_r \sin\theta$

AC CIRCUITS

Instantaneous Voltage of a sine Wave:

$V = V_{max}\sin 2\pi ft$

V = voltage [V]
f = frequency [H_z]
t = time [s]

Maximum and rms Values:

$I = \frac{I_m}{\sqrt{2}}$ $V = \frac{V_m}{\sqrt{2}}$

I = current [A]
V = voltage [V]

RLC Circuits:

$V = \sqrt{V_R^2 + (V_L - V_c)^2}$ $Z = \sqrt{R^2 + (X_L - X_c)^2}$

$\tan\phi = \frac{X_L - X_C}{R}$ $P_{avg} = IV\cos\phi$

$PF = \cos\phi$

Conductance (G) : The reciprocal of resistance in siemens (S).
Susceptance (B, B_L, B_C): The reciprocal of reactance in siemens (S).
Admittance (Y): The reciprocal of impedance in siemens (S).

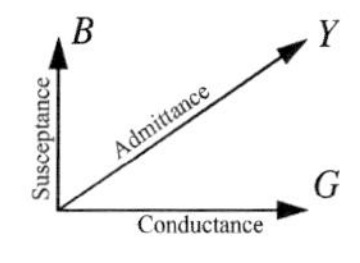

ELECTROMAGNETICS

WAVELENGTH	
$c = \lambda f$ $c = E/B$ $1\,\text{Å} = 10^{-10}\text{m}$	c = speed of light $2.998 \times 10^8\,\text{m/s}$ λ = wavelength [m] f = frequency [Hz] E = electric field [N/C] B = magnetic field [T] Å = (angstrom) unit of wavelength equal to 10^{-10}m m = (meters)

WAVELENGTH SPECTRUM

BAND	METERS	ANGSTROMS
Longwave radio	1 – 100 km	$10^{13} - 10^{15}$
Standard Broadcast	100 – 1000 m	$10^{12} - 10^{13}$
Shortwave radio	10 – 100 m	$10^{11} - 10^{12}$
TV, FM	0.1 – 10 m	$10^{9} - 10^{11}$
Microwave	1 – 100 mm	$10^{7} - 10^{9}$
Infrared light	0.8 – 1000 μm	$8000 - 10^{7}$
Visible light	360 – 690 nm	3600 – 6900
Violet	360 nm	3600
blue	430 nm	4300
green	490 nm	4900
yellow	560 nm	5600
orange	600 nm	6000
red	690 nm	6900
Ultraviolet light	10 – 390 nm	100 – 3900
X-rays	5 – 10,000 pm	0.05 – 100
Gamma rays	100 – 5000 fm	0.001 – 0.05
Cosmic rays	< 100 fm	< 0.001

Intensity of Electromagnetic Radiation [watts/m^2]:

$$I = \frac{P_s}{4\pi r^2}$$

I = intensity [w/m^2]
P_s = power of source [watts]
r = distance [m]
$4\pi r^2$ = surface area of sphere

Force and radiation Pressure on an object:

a) if the light it to totally absorbed:

$$F = \frac{IA}{c} \qquad P_r = \frac{I}{c}$$

F = force [N]
I = intensity [w/m^2]
A = area [m^2]
P_r = radiation pressure [N/m^2]
$C = 2.99792 \times 10^8$ [m/s]

b) if the light it to totally reflected back along the path:

$$F = \frac{2IA}{c} \qquad P_r = \frac{2I}{c}$$

Poynting Vector [watts/m^2]:

$$S = \frac{1}{\mu_0} EB = \frac{1}{\mu_0} E^2$$

$$cB = E$$

μ_0 = the permeability of free space $4\pi \times 10^{-7}$ T · m/A
E = electric field [N/C or V/M]
B = magnetic field [T]
$c = 2.99792 \times 10^8$ [m/s]

LIGHT

Indices of Refraction:

Quartz:	1.458
Glass, crown	1.52
Glass, flint	1.66
water	1.333
Air	1.000 293

Angle of Incidence: The angle measured from the perpendicular to the face or from the perpendicular to the tangent to the face

Index of Refraction: Materials of greater density have a higher index of refraction.

$$n = \frac{c}{v}$$

n = index of refraction
c = speed of light in a vacuum 3×10^8 m/s
v = speed of light in the material [m/s]

$$n = \frac{\lambda_0}{\lambda_n}$$

λ_0 = wavelength of the light in a vacuum [m]
λ_n = its wavelength in the material [m]

Law of Refraction: Snell's Law

$$n_1 \sin\theta_1 = n_2 \sin\theta_2$$

n = index of refraction
θ = angle of incidence

traveling to a region of lesser density: $\theta_2 > \theta_1$

traveling to a region of greater density: $\theta_2 < \theta_1$

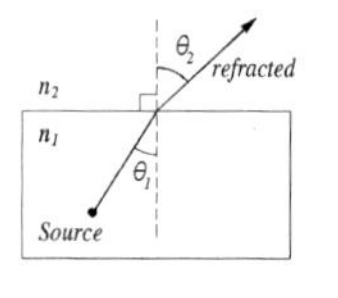

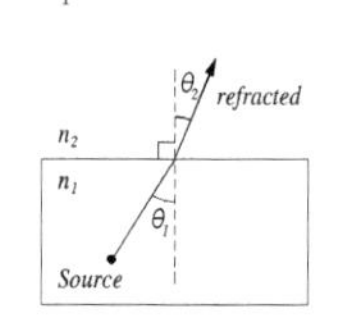

Critical Angle: The maximum angle of incidence for which light can move from n_1 to n_2

$$\sin\theta_c = \frac{n_2}{n_1} \quad \text{for} \quad n_1 > n_2$$

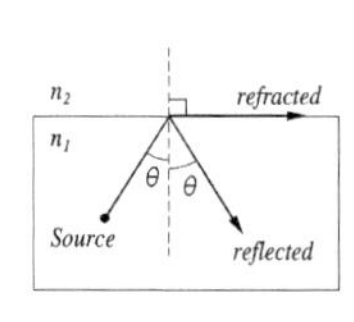

Sign Conventions: When M is negative, the image is inverted, p is positive when the object is in front of the mirror, surface, or lens. Q is positive when the image is in front of the mirror or in back of the surface or lens. f and r are positive if the center of curvature is in front of the mirror or in back of the surface or lens.

Magnification by spherical mirror or thin lens. A negative m means that the image is inverted.

$$M = \frac{h'}{h} = -\frac{i}{p}$$

h' = image height [m]
h = object height [m]
i = image distance [m]
p = object distance [m]

Plane Refracting Surface:

plane refracting surface:

$$\frac{n_1}{p} = -\frac{n_2}{i}$$

p = object distance
i = image distance [m]
n = index of refraction

Lensmaker's Equation: for a thin lens in air:

$$\frac{1}{f} = \frac{1}{p} + \frac{1}{i} = (n-1)\left(\frac{1}{r_1} - \frac{1}{r_2}\right)$$

f =focal length [m]
i = image distance [m]
p = object distance
n = index of refraction

r_1 = radius of surface nearest the object [m]

r_2 = radius of surface nearest the image [m]

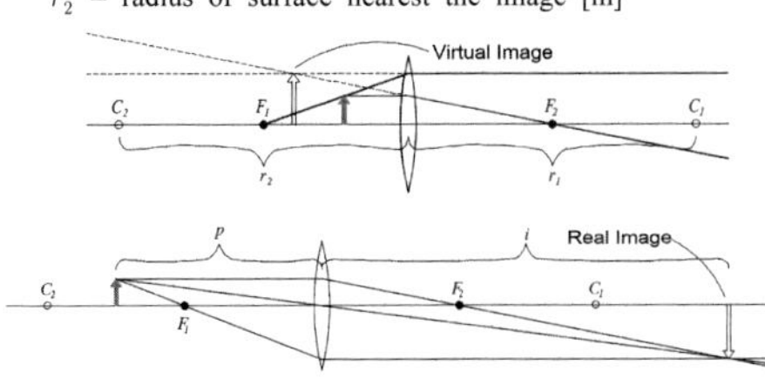

Thin Lens when the thickest part is thin compared to p.

i is negative on the left, positive on the right

$$f = \frac{r}{2}$$

f = focal length [m]
r = radius [m]

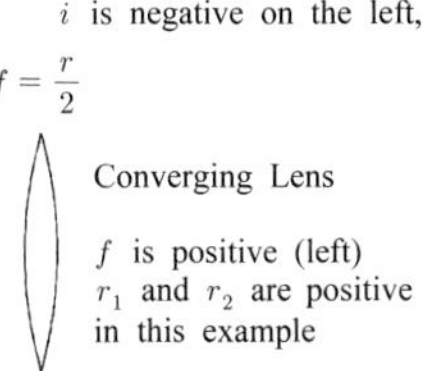

Converging Lens

f is positive (left)
r_1 and r_2 are positive in this example

Diverging Lens

f is negative (right)
r_1 and r_2 are negative in this example

Two-Lens System Perform the calculation in steps.

Calculate the image produced by the first lens, ignoring the presence of the second. Then use the image position relative to the second lens as the object for the second calculation ignoring the first lens.

Spherical Refracting Surface This refers to two materials with a single refracting surface.

$$\frac{n_1}{p} + \frac{n_2}{i} = \frac{n_2 - n_1}{r}$$

$$M = \frac{h'}{h} = -\frac{n_1 i}{n_2 p}$$

p = object distance
i = image distance [m] (positive for real images)
f = focal point [m]
n = index of refraction
r = radius [m] (positive when facing a convex surface, unlike with mirrors)
M = magnification
h' =image height [m]
h = object height [m]

Constructive and Destructive Interference by Single and Double Slit Defraction and Circular Aperture

Young's double-slit experiment (bright fringes/dark fringes):

Double Slit

Constructive:
$\triangle L = d\sin\theta = m\lambda$

Destructive:
$\triangle L = d\sin\theta = (m + \frac{1}{2})\lambda$

d = distance between the slits [m]
θ = the angle between a normal line extending from midway between the slits and a line extending from the midway point to the point of ray intersection.
m = fringe order number [integer]
λ = wavelength of the light [m]
a = width of the single-slit [m]
$\triangle L$ = the difference between the distance traveled of the two rays [m]
I = intensity @ θ [W/m^2]
I_m = intensity @ $\theta = 0$ [W/m^2]
d = distance between the slits [m]

Intensity:

$$I = I_m (\cos^2\beta)\left(\frac{\sin\alpha}{\alpha}\right)^2$$

$$\beta = \frac{\pi d}{\lambda}\sin\theta$$

$$\alpha = \frac{\pi a}{\lambda}\sin\theta$$

Single-Slit

Destructive:

$\alpha\sin\theta = m\lambda$

Circular Aperture

1st Minimum:

$$\sin\theta = 1.22\frac{\gamma}{dia.}$$

In a circular aperture, the 1st minimum is the point at which an image can no longer be resolved.

A reflected ray undergoes a phase shift of 180°
when the reflecting material has a greater index of refraction n than the ambient medium. Relative to the same ray without phase shift, this constitutes a path difference of $\lambda/2$.

Interference between Reflected and Refracted rays

from a thin material **surrounded** by another medium:

Constructive:
$$2nt = (m + \frac{1}{2})\lambda$$
Destuctive:
$$2nt = m\lambda$$

n = index of refraction
t = thickness of the material [m]
m = fringe order number [integer]
λ = wavelength of the light [m]

If the thin material is between two different media, one with a higher n and the other lower, then the above constructive and destructive formulas are reversed.

Wavelength within a medium:

$$\lambda_n = \frac{\lambda}{n}$$

λ = wavelength in free space [m]
λ_n = wavelength in the medium [m]
n = index of refraction

$$c = n\lambda_n f$$

c = the speed of light 3.00×10^8 [m/s]
f = frequency [Hz]

Polarizing Angle: by **Brewster's Law**, the angle of incidence that produces complete polarization in the reflected light from an amorphous material such as glass.

$$\tan\theta_B = \frac{n_2}{n_1}$$

$$\theta_r + \theta_B = 90°$$

n = index of refraction
θ_B = angle of incidence producing a 90° angle between reflected and refracted rays.
θ_r = angle of incidence of the refracted ray.

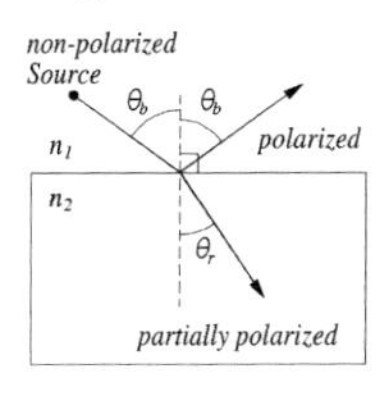

Intensity of light passing through a polarizing lense: [Watts/m^2]

initially unpolarized: $I = \frac{1}{2}I_0$

initially unpolarized:
$I = I_0\cos^2\theta$

I= intensity [W/m^2]
I_0= intensity of source [W/m^2]
θ = angle between the polarity of the source and the lens.

항공 전기전자 정비를 위한 실험실습

2017년 8월 28일 제1판 1쇄 펴냄
지은이 최청호 · 채창호 | 펴낸이 류원식 | 펴낸곳 청문각출판

편집부장 김경수 | 책임진행 김보마 | 본문편집 홍익 m&b | 표지디자인 유선영
제작 김선형 | 홍보 김은주 | 영업 함승형 · 박현수 · 이훈섭
주소 (10881) 경기도 파주시 문발로 116(문발동 536-2) | 전화 1644-0965(대표)
팩스 070-8650-0965 | 등록 2015. 01. 08. 제406-2015-000005호
홈페이지 www.cmgpg.co.kr | E-mail cmg@cmgpg.co.kr
ISBN 978-89-6364-297-0 (93550) | 값 13,500원

* 잘못된 책은 바꿔 드립니다. * 저자와의 협의 하에 인지를 생략합니다.